# 東海の巨木

Giant Trees of TOKAI

地域自然科学研究所 編

風媒社

# 東海の巨木

## もくじ

## 飛騨


1 ブナの原生林 飛騨市河合町 6
2 白山神社のトチノキ 飛騨市河合町 10
3 スギとトチノキの双合喬木 飛騨市宮川町 12
4 カツラとイタヤカエデの合体木 高山市国府町 14
5 新穂高のミズナラ 高山市奥飛騨温泉 18
6 新穂高ロープウェイのトチノキ 高山市奥飛騨温泉郷 20
7 稗田のトチノキ 大野郡白川村 22
8 治郎兵衛のイチイ 高山市荘川町 24
9 六厩の三本松 高山市荘川町 26
10 国分寺の大イチョウ 高山市 30
11 二之宮神社のケヤキ 高山市 34
12 熊野神社のスギ 高山市赤保木町 36
13 神様イチイ 高山市清見町 38
14 二ツ葉グリ 高山市清見町 42
15 六本ヒメコ 高山市一之宮町 46
16 七本槵 高山市朝日町 48
17 日和田高原のシラカバ林 高山市高根町 50
18 坂下のケヤキ 下呂市小坂町 52
19 シダレグリ自生地 下呂市下呂町 54
20 鮗号の大椢 下呂市金山町 56


## 岐阜


1 石徹白のスギ 郡上市白鳥町 60
2 薬研洞の大ナラ 加茂郡白川町 64
3 加子母のスギ 中津川市加子母 66

4 杉原の大スギ 関市板取 68
5 新宮塚のムクノキ 揖斐郡揖斐川町 70
6 大智寺の大ヒノキ 岐阜市山県北野 72
7 名無木 関市東本郷 74
8 大山の大スギ 加茂郡白川町 76
9 神ノ御杖スギ 郡上市美並町 80

## 愛知

1 村上社のクスノキ 名古屋市南区 84
2 笠寺の一里塚 名古屋市南区 86
3 大田の大樟 東海市大田町 88
4 津島神社御旅所跡のイチョウ 津島市馬場町 90
5 連理木 名古屋市千種区 92
6 くすのきさん 名古屋市中区 94
7 小袖掛けの松 名古屋市中区 96
8 根上り松 知立市八橋町 98
9 落田中の一松 知立市八橋町 100

## 三重

1 飛鳥神社のクスノキ 尾鷲市曽根町 104
2 椋本の大椋 安芸郡芸濃町 106
3 長全寺のナギの木 南牟婁郡紀和町 108
4 引作の大楠 南牟婁郡御浜町 110
5 地蔵大松 鈴鹿市南玉垣町 112
6 川俣神社のスダジイ 鈴鹿市庄野町 114
7 長太の大クス 鈴鹿市南長太町 116
8 野村一里塚のムク 亀山市野村 118
9 バクチノキ 北牟婁郡紀伊長島町 120

コラム「これだけは守って!」 4
「巨木といえば…」 58・82・102

COLUMN

# これだけは守って！

## 巨樹巨木を観賞するときの注意点

**1** 柵の中に入らないでください。

根を傷めてしまい、木にダメージを与えてしまうことがあります。

**2** むやみに周囲を歩き回らないでください。

やはり根を傷めてしまい、木にダメージを与えてしまうことがあるからです。

**3** 神社のご神木として守られている木もあります。いたずらなどしないでください。

**4** 周りの自然も大切に守ってください。

**5** ゴミを捨てないでください。

じっくり観賞し、木や周りの自然に思いを巡らせてみてください。

私たちの周りに広がる自然、環境についても考えるよい機会だと思います。

# 飛騨

# ブナの原生林

**1 飛騨市河合町**

## ブナの原生林が広がる

ユネスコの世界文化遺産に登録された合掌集落のある岐阜県大野郡白川村と飛騨市河合町の境にある天生《あもう》峠。

紅葉のブナ林

この峠道は白川村から行っても、飛騨市河合町から行っても狭く曲がりくねり、山道に慣れていないと、車の運転にかなりのストレスを覚える。

峠の頂上にある駐車場から約四〇分も歩くと、広く平らな天生湿原が広がっている。駐車場からの山道を歩いているときは、説明されてもそんなに広い湿原があるとは信じられない。

初夏の湿原はニッコウキスゲやワタスゲなどが咲き、秋には紅葉が美しい。湿原はいつまで見ていても見飽きないが、その先のブナの原生林を目指そう。

湿原を離れて急な遊歩道を下ると、晩夏にはシラヒゲソウ、マルバダケブキなどが咲く場所がある。

その先にある川を渡ると、カツラの大木が点在している。見ていると、なんとも神妙な気持ちになってくる。約一〇〇メートルも進むと、右に折れ、水のない川原を横切る道

湿原の紅葉

がある。この分岐点は見落としやすいので要注意！

少し歩くと、目の前にブナの原生林が広がってくる。樹齢約二〇〇年近くも経ったようなブナが広がり、人の声が聞こえなければ、幻想の世界に迷いこんだように思われる。

初夏から夏にかけては、涼しくて都会の暑さがまるでうそのようだ。秋は紅葉に包まれ、自分まで赤や黄色に染まってしまうかのようだ。

できれば時間を取って、ブナの木々の下でお弁当を広げ、お昼寝するひとときを過ごしたい。きっと日ごろの疲れ、ストレスを忘れてしまうだろう。（天生湿原では一人五〇〇円の清掃協力金が必要。遊歩道の整備やパトロールにも使われる。ぜひご協力を）

## 飛騨の匠の祖といわれる

### 止利《とり》仏師《ぶっし》

天生湿原の中に、飛騨の匠の祖といわれる止利仏師を祀《まつ》った匠神社がある。止利仏師は、ご存じの通り法隆寺金堂の「釈迦三尊像」の作者と伝えられる人物だ。この湿原は幼少のころ止利仏師が過ごしたと伝えられている場所。止利仏師が作った木像が一夜にして平坦な田んぼを作りあげたといわれ、それが今の天生湿原という。

匠神社祭り

飛騨の匠は古代より都で働き、万葉集にも詠われるなど、都の文化、歴史に深く関わっていたとされる。検証は史家にお任せするが、この辺りの地名と同一の地名が奈良県飛鳥地方に残されている。たとえば橿原《かしはら》市にある飛騨や古川町。匠神社の前

止利仏師生誕の地といわれる天生集落

で、そんな古代のロマンに思いを馳せるのもいいだろう。一〇月中旬には匠神社の前で匠祭りが行われる。

## インタープリターが活躍

天生湿原を中心にしたガイドツアーがシーズンを通して開催されている。公認ガイドとして、「飛騨インタープリターアカデミー」

▶飛騨インタープリターアカデミーを修了し、ガイドとして活躍する松下さん
▲天生峠の紅葉

（飛騨の自然案内人養成講座）を出た修了生が活躍している。その一人が写真の松下眞知さん。

山を熟知した松下さんの案内で、ブナの原生林や湿原の周りを歩くと、きっと楽しさがいっそう広がるだろう。

DATA
所在地：飛騨市河合町天生
駐車場：あり

白山神社のトチノキ

# 白山神社のトチノキ

**②飛騨市河合町**

## 白山神社にで〜んと座る

下から見上げる

飛騨市河合町角川から白川村へ向かう。河合町のＪＲ角川駅から車で約一〇分も行くと、新名《しんみょう》という地区がある。河合町には地区ごとにキャッチフレーズの書かれた大きな看板があるので、すぐわかる。看板が見えたら、今まで走ってきた国道３６０号を左折し、小鳥川を渡る。そして二つ目の曲り角を左折すると白山神社がある。

▲新名地区の看板を曲る

◀白山神社

境内に、県の天然記念物指定を受けている大きなトチノキがある。トチノキは幹回りが六メートル以上もあり、大人が手をつないでも四人は必要なほど大きい。真夏に行っても、生い茂った枝や葉で、周りの木陰は涼しく気持ちがいい。

車を降りれば目の前にあるので、健脚とはいえない人でもすぐ見れるのがいい。何人もの知人や友人に紹介した木の一つだ。

冬は木の姿がよくわかる

DATA
県指定天然記念物
樹齢約４５０年　樹高：31・44ｍ
幹回り：6・3ｍ
所在地：飛騨市河合町新名白山神社
駐車場：あり

# スギとトチノキの双生喬木

③ 飛騨市宮川町

## スギとトチノキで一本の木？

飛騨市古川町を通る国道41号から国道360号に入り、宮川町大無雁《おおむかり》に向かう。河合町の手前にある大無雁地区にある若宮八幡神社を目指そう。

ここには、スギとトチノキの二本の木の幹が途中までくっついて生育している合体木がある。まるで、一本の木？と思ってしまいそうだ。

圧倒されてしまう大きさ

針葉樹と針葉樹、広葉樹と広葉樹がくっついて生育している組み合わせはしばしば見かけるが、このように針葉樹と広葉樹が合体して生育しているものはあまり見たことがない。

スギの樹齢は八〇〇年、トチノキは四〇〇年といわれている。幹回りもスギだけで六・七メートル、トチノキでも三・〇メートル。二本合わせれば約一〇メートルもの大きさになってしまう。

弥栄スギ

三本スギ

この神社には、ほかにも大きな弥栄スギ、三本スギもある。

DATA

県指定天然記念物
樹齢スギ800年、トチノキ400年
樹高：スギ46m、トチノキ22m
幹回り：スギ6・7m、トチノキ3・0m
所在地：飛騨市宮川町大無雁
若宮八幡神社

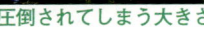

# カツラとイタヤカエデの合体木

④ 飛騨市国府町

## 二本の木が根元で合体

高山市国府町にある宇津江四十八滝。一年を通して観光客が多く、県立自然公園に指定されている。

冬の合体木

その上り口に、少し変わった形をしたカツラの木がある。地上から約四メートルのところで、新たに別の木を接ぎ足したような状態で生育しているのだ。これはかつて伐採されたあとだと思う。さらにその下、根元部分をよく見ると、イタヤカエデがくっついて生育している。カツラとイタヤカエデの二本の木が、根元部分で合体し、一本の木になっているのだ。

幹回りは約四・三メートルもある。滝の入り口にどっかりと座り、人々の行き交う様子をしっかりと見据えている木だ。

木の周辺は夏は涼しく、秋には美しい紅葉が楽しめる。落葉時期には落ち葉でいっぱいとなる。足を止めたくなる風景だ。

三段の滝はいつの季節も美しい

## 人気のお土産 〝さるぼぼ〟

飛騨地方のお土産というと、まず思い浮かぶのが「さるぼぼ」だろう。「さるぼぼ」の「さる」はもちろん猿のこと。「ぼぼ」は飛騨の方言で赤ちゃんとか小さなものという

ウサギさるぼぼも楽しいアイテム

黄色、ピンク、青色のさるぼぼは大人気

意味。つまり「さるぼぼ」は「サルの赤ちゃん」ということになる。

かつては赤色の「さるぼぼ」が主流だったが、今ではさまざまな色が販売されている。「さるぼぼ」を販売している「あんクラフト」では「今は黄色のさるぼぼ、ピンク、青色、緑色のものがあるんです。そして変わり種としてはウサギさるぼぼ、ネコさるぼぼも人気が出ています」という。黄色やピンクのさるぼぼってどうして?と思われるだろう。それは風水の考えを取り入れた色なのだという。黄色は金運、ピンクは恋愛運、緑色は健康運のアップを願っているという。願いを込めて、色とりどりの「さるぼぼ」を集めてみてはいかがだろう。価格は税込みで八四〇円、一三七〇円、二九四〇円など各種あり。手ごろな小さなさるぼぼ三七〇円もある。

◀小さなさるぼぼもたくさん
▼あなたも手作り体験してみては?

## "さるぼぼ" 手作り体験

この人気の「さるぼぼ」を自分で手作り体験してみるのも楽しいものだ。時間は約一時間。予約をすれば、ホテルや旅館へ講師が材料を持って訪問する出張システムもある。飛騨の里の近くにある思い出体験館や高山グリーンホテル飛騨物産館でも体験できる。料金は一四〇〇円。出張体験希望者や問い合わせは、「あんクラフト」TEL0577・35・1230まで。

## 飛騨大自然・子ども博士

飛騨高山のNPO法人「飛騨自然学園」が、毎月一回小・中学生を対象に、「飛騨大自然・子ども博士」を開催している。

第一線で活躍している専門家が野山に子どもたちをつれていき、自然について解説し、勉強するというもの。ただ観察するだけでなく、花や木をスケッチして、それを図鑑に作り上げる。

子ども博士では子どもが主役

自然の中で観察する喜び、自分だけの図鑑ができる喜びもあり、参加者には大人気！　ぜひ子どもたちを参加させてみてほしい。毎回一〇時～一四時まで。一回の参加費は一五〇〇円。問い合わせはTEL0577・68・1055。またはFAX0577・68・1151へ。

楽しく観察

◀楽しい図鑑作り

DATA
幹回り：約4・3m
所在地：高山市国府町宇津江四十八滝
駐車場：あり

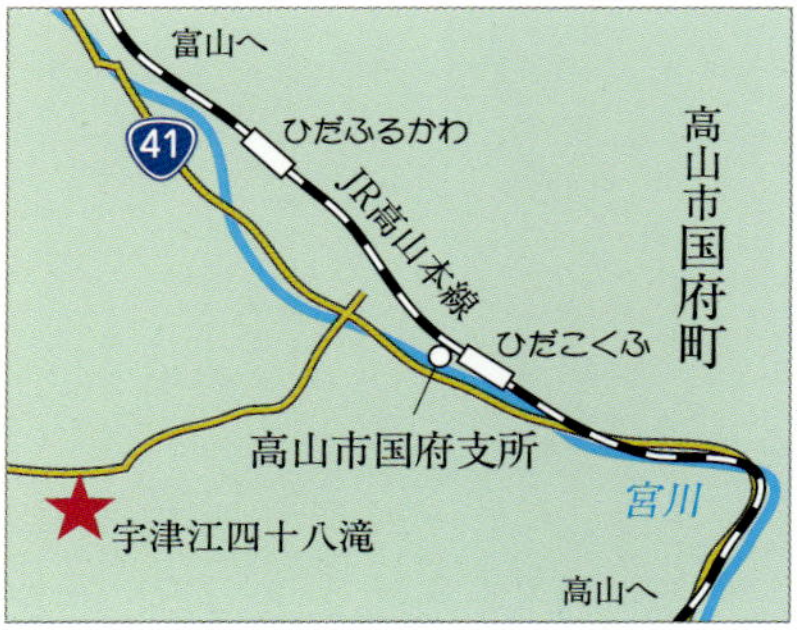

# 新穂高のミズナラ

## ⑤ 高山市奥飛騨温泉郷

### 背後には槍ヶ岳

二〇〇五年二月一日の合併で、高山市になった上宝村。新穂高温泉付近は上宝町ではなく、新しく高山市奥飛騨温泉郷という地名に変わった。その奥飛騨温泉郷にある新穂高ロープウェイは、一年を通して運行されており、秋の紅葉時期はたいへんなにぎわいを見せる。

▲穂高の山々
◀展望台からは北アルプスがよく見える

ここの特徴は、日本初の二階立てゴンドラが運行されていること。標高一三〇八メートルのしらかば平駅から二一五六メートルの西穂高口駅まで七分間で一気にかけ上がる。

鍋平駅のおいしいコロッケ

千石平駅へ上っていく途中、左下を見ると、少し斜めになった一本のミズナラがある。風雪に耐え抜いた姿はどっしりとしている。晴れた日には、そのミズナラの後ろに槍ヶ岳がくっきりと見える。

中間地点の鍋平駅で尋ねれば、どこにあるかすぐわかる。

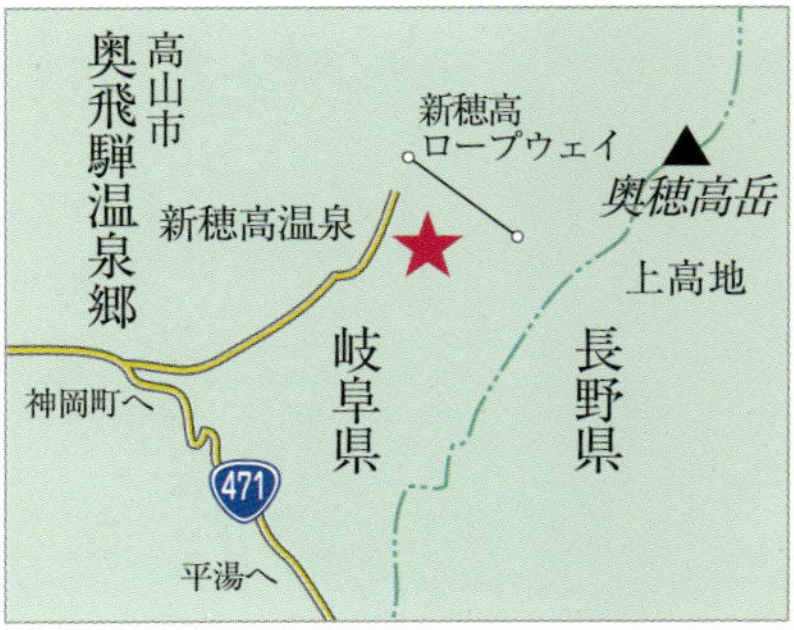


DATA
所在地：高山市奥飛騨温泉郷新穂高温泉
駐車場：あり

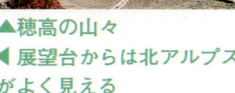

# 新穂高ロープウェイのトチノキ

❻ 高山市奥飛騨温泉郷

## ロープウェイ駅のすぐ近く

春早い時期のトチノキ

中尾温泉や新穂高温泉バスセンターから、新穂高ロープウェイの鍋平駅近くまで車で行くことができる。しらかば平駅近くの駐車場に近づくと、道沿いの右側に大きなトチノキがでーんと座っている。

車窓から見ていると、そんなに大きく感じないかもしれないが、車を降り、近づいて見るとその大きさにびっくり！　夏もいいが、秋の紅葉時期にはぜひ訪ねてみたい巨木だ。

足湯でのんびり

2階立てロープウェイ

そのあとは、ロープウェイのしらかば平駅にあるビジターセンター山楽館を見学したり、焼きたてのパンや軽食をいただき、最後に足湯でのんびりすれば、日ごろの疲れなど忘れてしまう。

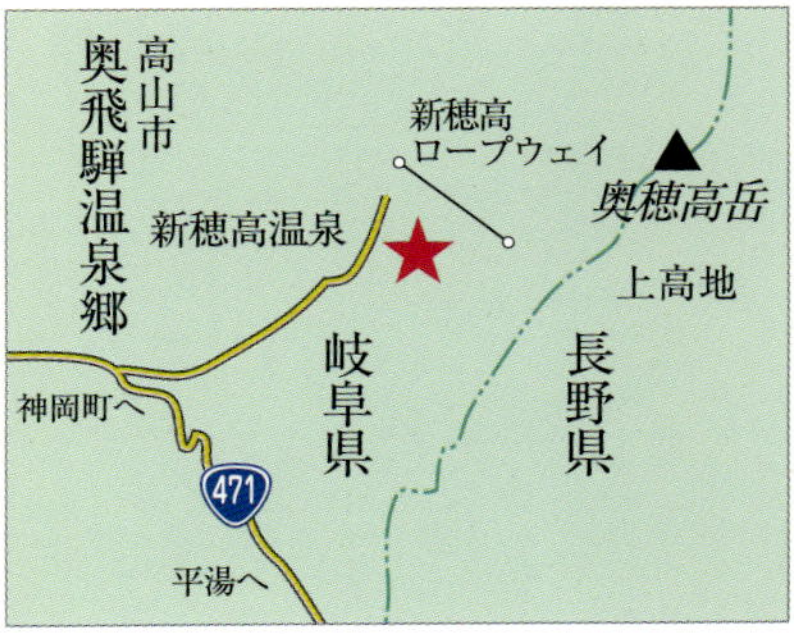


DATA
所在地：高山市奥飛騨温泉郷新穂高温泉
駐車場：あり

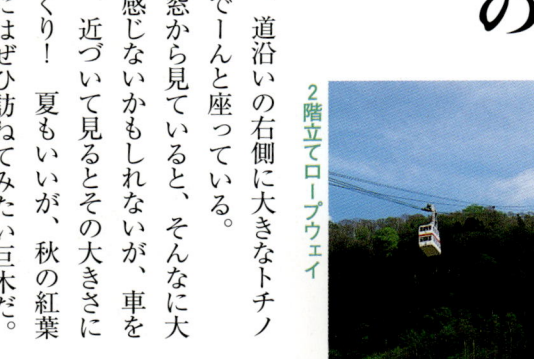

# 稗《ひえ》田《だ》のトチノキ

7 大野郡白川村

## 世界遺産の村の大木

ユネスコの世界遺産に登録され、全国的というより世界的に有名になった白川村。その白川村にあるトチノキが、県下で一番の大木といわれている。

国道１５６号を荘川方面から向かい、平瀬温泉で学校前を右折する。庄川を渡って左方に進むと、数分で、左手下側にトチノキの大木が現れる。

道路から少し低くなった場所にあるため、道端からでもすぐわかるはず。近くまで行くと、そのトチノキはこんもりとした山のように見える。下から見上げると、葉が幾重にも重なり、空が見えなくなるようだ。

秋の合掌家屋

茶褐色になる紅葉の季節。葉が落ちて向かいの山まで見通せるようになる落葉の季節。あたり一面真っ白になる冬季。春の新緑、夏の深緑、どの季節をとっても一枚の絵を見るような美しい風景だ。

夏の宵の合掌家屋

合掌家屋のライトアップ

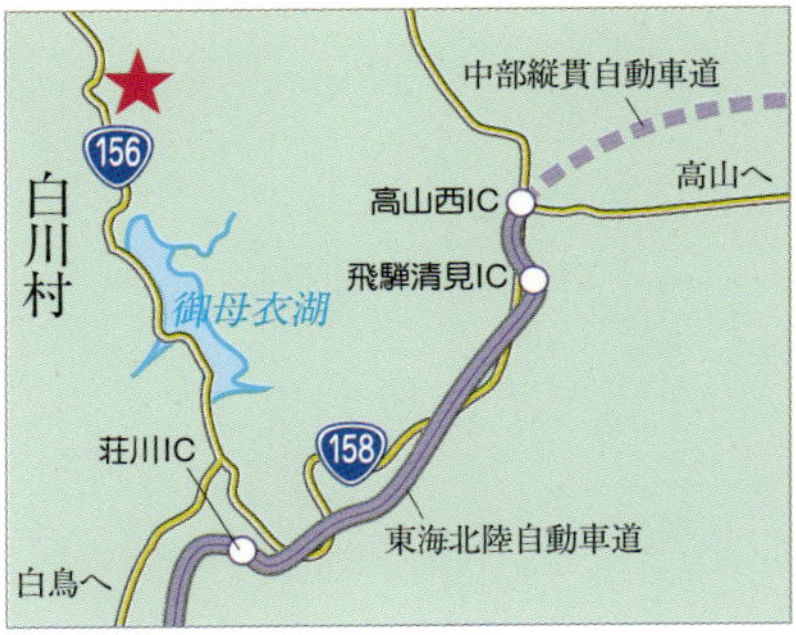


DATA
県指定天然記念物
樹齢３００年以上
樹高：22ｍ　幹回り：7・4ｍ
所在地：岐阜県大野郡白川村長瀬稗田

# 治《じ》郎《ろ》兵《べ》衛《え》のイチイ

**8 高山市荘川町**

## イチイで全国一の大きさ

推定樹齢二〇〇〇年以上ともいわれ、イチイの中では全国一といわれる木が、高山市荘川町惣則にある。

東海北陸自動車道荘川インターチェンジのすぐ近く。インターを降りると、数分で着いてしまうところだ。

イチイの場所から自動車道を見ると、まるで逆にイチイが私たちを見つめているかのように思えてしまう。そんな存在感がある。

この場所はササユリの群生地でもあり、初夏には多くの人が訪れる。ササユリが斜面を淡紅色で染める時期は、甘く強い香りがイチイの木まで届いてきそうだ。

自然豊かな飛騨を象徴するかのようなイチイの巨木と今では少なくなった群生するササユリ。多くのドライバーは、そんなとっておきの場所がこんな近くにあることを知らないで通り過ぎる。

初夏に咲くササユリ

荘川であいの森にあるシラカバ林

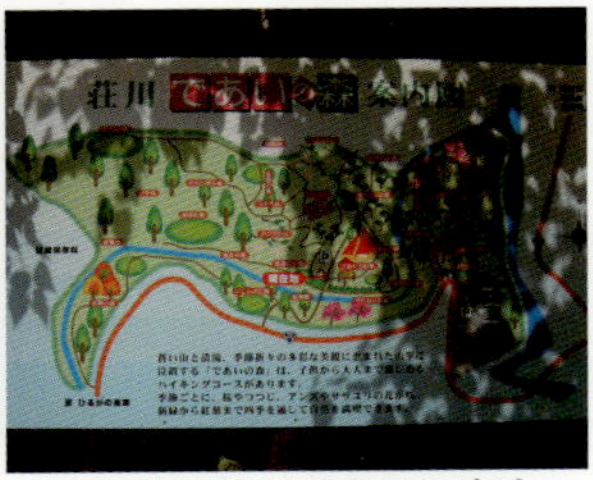
近くにある荘川であいの森も散策したい

DATA
国指定天然記念物
推定樹齢2000年以上
樹高：15m　幹回り：7・95m
所在地：高山市荘川町惣則前畑

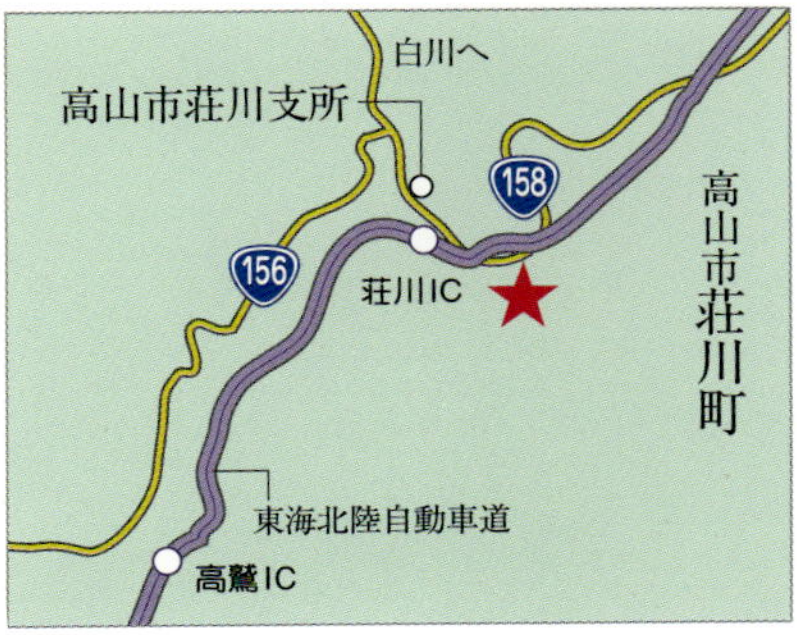

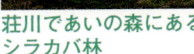

奥飛騨温泉郷
全長3200M 東洋一
新穂高ロープウェイ
65KM
上宝村

# 六厩《むまや》の三本松

⑨ 高山市荘川町

## 三つ又に分かれたアカマツ

冬の三本松

　ＪＲ高山駅方面から国道１５８号で清見町から荘川町六厩に入ると、道路わきに幹が赤褐色のアカマツが現れる。

　アカマツはどこにでも見られる木だが、ここで見られるアカマツは、特徴のある形をしている。幹の途中まで一本、そして途中から三本に分かれている。それゆえ三本松と呼ばれている。

　東海北陸自動車道が飛騨清見インターまで開通する前は、かつての荘川村方面に向かうとき、この木を目的地までの目安にしていたという人が少なくない。

　（二〇〇五年二月一日に高山市と合併し、荘川村から高山市荘川町になった）

　今でも出張などで岐阜方面から帰ってくるとき、東海北陸自動車道の左下に見える三本松を見ると、「あと少し運転すれば到着する」とほっとするものだ。

## 「飛騨高山ラバーズポイント」でひとときを

　高山グリーンホテルの北アルプスが展望できる九階フロアに、大きなクリの木がでーんと座り、窓側にはせせらぎが流れている。

　その明るい雰囲気のスペースが「飛騨高山ラバーズポイント」だ。いかにも若い二人がひとときを過ごしやすいロマンティックなスポットである。

　クリの木やせせらぎの間をじっくりとご覧になっていただきたい。そこには北アルプスの七人の妖精が隠れている。七人の妖精は夢をかなえる光の妖精キラリ、恋をかなえる花

▲飛騨高山ラバーズポイントから見た北アルプス
◀誓いの木

の妖精フロム、幸せになる風の妖精ウィン、ピュアなこころになる雪の妖精スノン、健康になる水の妖精メロー、勇気がもてる土の妖精デイン、知恵をくれる木の妖精ジュモたち。

誓いの鍵

妖精たちのイラストと名前が、わかりやすく壁につけられている。そのイラストを頼りに、木やせせらぎに隠れている七人の妖精を探してみよう。七人を探し出すと、きっといいことがあるという。

心なごむせせらぎ

クリの木には「誓いの鍵」が掛けられているので、二人で愛の誓いをし、鍵を掛けることができる。ハートのついた誓いの鍵は一〇〇〇円。ベンチも設けられているので、ゆっくり座って北アルプスを展望するのもいい。

七人の妖精たち

勇気がもてる土の妖精デイン

知恵をくれる木の妖精ジュモ

健康になる水の妖精メロー

## 七人の妖精を自分で作ろう

木やせせらぎに隠れている七人の妖精を自分で作ることができるクラフトキットが一階の物産館で販売されている。

太鼓をたたいている土の妖精やフルートを吹いている水の妖精、いかにも風が吹いているような感じにさせる風の妖精など、自分の好きな妖精が簡単に作れてしまう。

一人だけでなく、部屋に七人を揃えてしまうのも楽しいかもしれない。

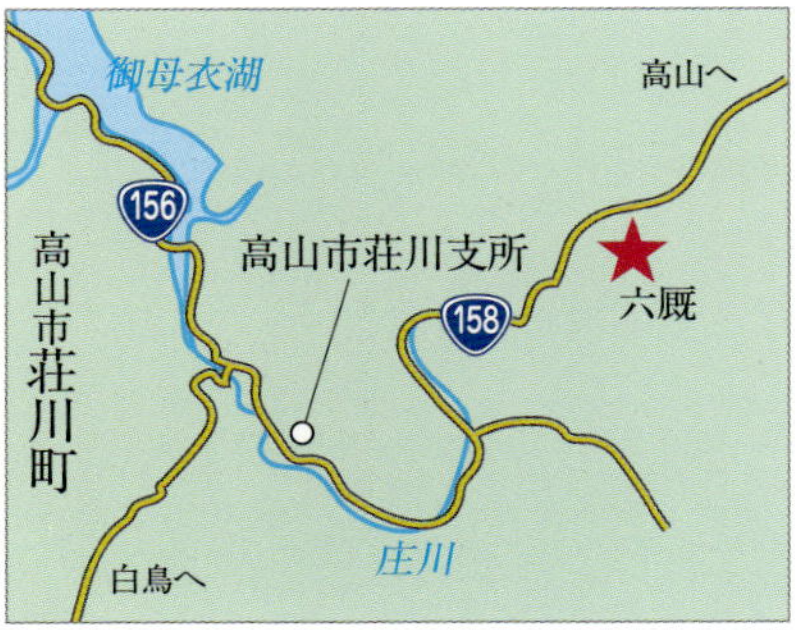


DATA
市指定天然記念物
樹齢推定３００年
樹高：27m　幹回り：３・３m
所在地：高山市荘川町六厩
駐車場：なし

# 国分寺の大イチョウ

⑩高山市

## 街中で見られる樹齢一〇〇〇年の巨木

太陽の光を浴びて青々と茂るイチョウの葉と、雲一つない夏の濃い青空とが重なって、ふるさとの田舎を思い出させるような情景が広がっている。

緑の時期もいいもの

近くで見る幹

観光客でにぎわう飛騨高山の市街地のど真ん中。木陰に座って、この大きなイチョウや生い茂る葉を見ていると、山里の涼しい風にさわさわと揺れるイチョウの葉音が聞こえてくる。そして、どこからともなくリーン、リーンと涼しげな音色の風鈴の音がする。

冬はまた違った味わいが

ここは本当に、飛騨高山の市街地なのだろうか…という思いにとらわれる。とても車が往来する市街地の真ん中とは思えない。

この大イチョウの黄葉は飛騨高山の住民にとっては季節の風物詩の一つだが、黄葉とはまた違い夏の顔もいいものだ。

当然、晩秋の黄葉もぜひ見てみたいもの。風が吹くたびに、舞い落ちる一枚一枚の黄葉もいいが、境内の庭一面に落ちた黄葉の絨毯を踏みしめて歩くのは素晴らしい体験となる。

この大イチョウの葉が一晩であっという間に散ってしまう年がある。昨日まで、黄色の葉をつけていたのに、翌朝見ると、枝には一枚も葉がないことがある。地元の人は、その年は大雪になるという。気象情報のなかった昔、この街中にある巨木の落葉は、人々に雪を予報する重要な役割を担っていたのだ。

正面から見る

## 味噌ラーメンもぜひ！

大イチョウのある国分寺にほど近いところに、焼きそばで有名な「ちとせ」がある。

ここの焼きそばは種類も豊富で、なにより手ごろな値段で驚くほどのボリューム！　そのため、当然大人気のメニューだ。ほかにも、さっぱりとした醤油味が特徴の昔ながらの中華そば（四八〇円）や、味噌味なのにたくさんの野菜から出た甘味が引き立ち、何杯でも食べられそうな味噌ラーメン（五七〇円）がある。

平日にもかかわらず昼どきになると店の前に長い列ができる。地元の人や観光客で、老若男女問わずにぎわっている。知り合いの両親が学生だったころのお決まりのデートスポットだったという。それだけ昔から地元の人に愛されてきた、なじみの深い店なのだ。

境内にある三重の塔

## 「喫茶かって」

飛騨高山といえば、思い浮かぶのが古い町並み。その町並みに「喫茶かって」がある。

落ち着いた雰囲気の店内に入ると、古い町並みに面したカウンターがある。そこでゆっくりコーヒータイムと洒落こもう。二階は畳敷きの部屋になっており、そこにも古い町並みを見下ろすようなカウンターがしつらえてある。

　少し落ち着きたいという人は、二階に上がり、町並みを行き来する観光客を見ながら、コーヒーをいただくと、いっそう飛騨高山が好きになるはずだ。

ちとせの味噌ラーメンは絶品

古い町並みの喫茶店「かって」でちょっと一休み

## 飛騨牛の串焼きをほおばる

　古い町並みには何軒かの飛騨牛の串焼きを提供する店がある。

　飛騨牛というと、高級そうなイメージがあるが、一本二五〇円程度の牛串焼きならば、何といってもリーズナブル。ちょっとお腹が空いたという向きは、牛串焼きにチャレンジてはいかが。

DATA
国指定天然記念物
樹齢約1000年
樹高：37m　幹回り：約10m
所在地：高山市総和町飛騨国分寺
駐車場：あり

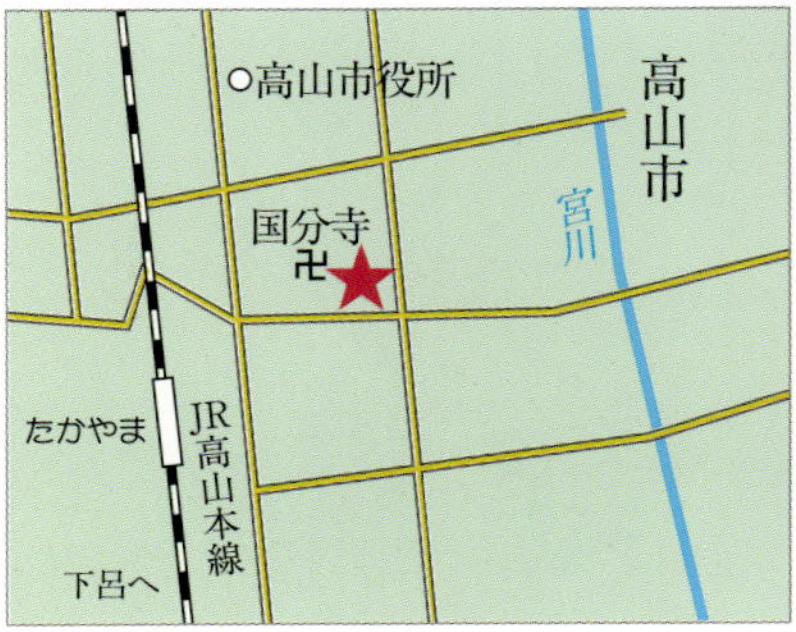

リーズナブルな価格の飛騨牛の串焼き

奉納
奉納

# 二之宮神社のケヤキ

⑪高山市

## 神像が彫刻されたケヤキ

大切に守られている神像

高山市役所から国立乗鞍青年の家を目指し、国道158号で東に進む。一〇分も走ると左国道158号、右国道361号に分かれる三叉路がある。ちょうどそこにガソリンスタンドがあるので目印になるはず。そこを右折し、国道361号に入り、次の信号を目指す。最初の信号を過ぎてすぐ左手にある神社が目指す二之宮神社だ。

境内にケヤキの大木がある。道路に面しているのですぐわかるだろう。

神像を真近で見る

境内に足を踏み入れてみるときっと驚く。見上げても、生い茂ったケヤキの葉で空が見えない。全身が緑で包まれてしまったようだ。それほど大きく枝が広がり、勢いのあるケヤキだ。

幹には神像が彫刻されている。小さな祠が祀られているので、手を合わせてからゆっくり見るといい。神像には、かつてこのケヤキが枯れそうになったとき、八百比丘尼《やおびくに》が幹に神像を彫刻して木を蘇生させたという伝説が残されている。

※八百比丘尼　八百年生きたといわれる伝説の美女尼僧。飛騨だけでなく、美濃地方にも八百比丘尼伝説が多く残っている。

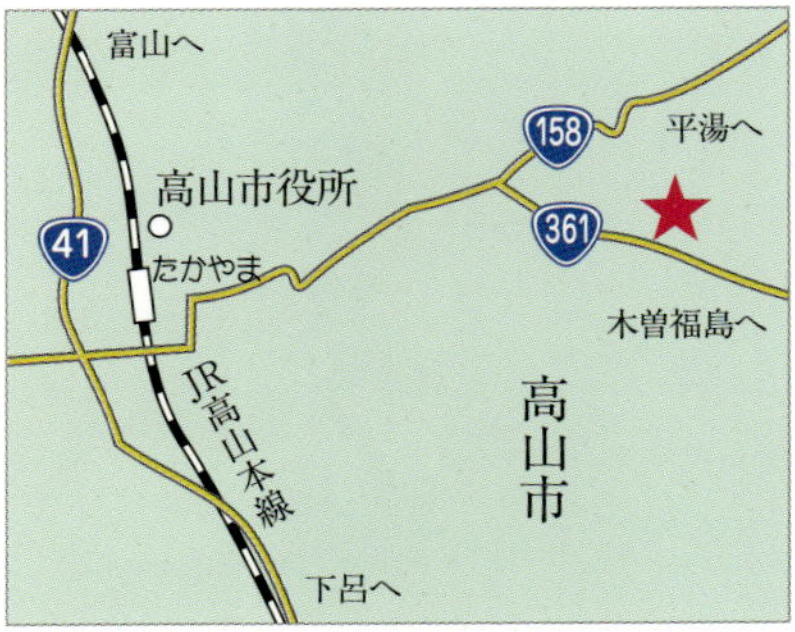


DATA
県指定天然記念物
推定樹齢約900年
樹高：26m　幹回り：6・2m
所在地：高山市漆垣内町宮ノ後二之宮神社
駐車場：隣接した公民館の駐車場に置かせていただくといい

# 熊野神社のスギ

⑫高山市赤保木町

## 大自然に立つ枝垂れ大スギ

このスギに出会うには、まず高山市赤保木町にある「風土記の丘学習センター」を目指そう。高山市役所から見て北西方向。ただこの場所へ行くのは難しいので、事前に市役所へ問い合わせてから出かけることをおすすめする。

馬の雪形の見える笠ケ岳

熊野神社はそのすぐ隣りに位置する。この辺りから東を眺めると、乗鞍岳から穂高連峰、そして笠ケ岳まで見渡せる。四月下旬から五月中旬にかけて、ぜひ笠ケ岳を眺めていただきたい。春の雪解け時期にだけ見られる馬の雪形が見られるからだ。

そんな山々に抱かれた熊野神社のスギを、ぜひ見てほしい。南の位置にある鳥居のわきにその大きなスギがある。地元では昔から枝垂れ大杉と呼んでいたという。真正面から見ると、こんもりとした山のように見え、その枝の広がりがよくわかるだろう。

鳥居が小さく見える

DATA
県指定天然記念物
樹齢約1000年
樹高：24・1m　幹回り：6m
所在地：高山市赤保木町ミョガ平23
駐車場：あり

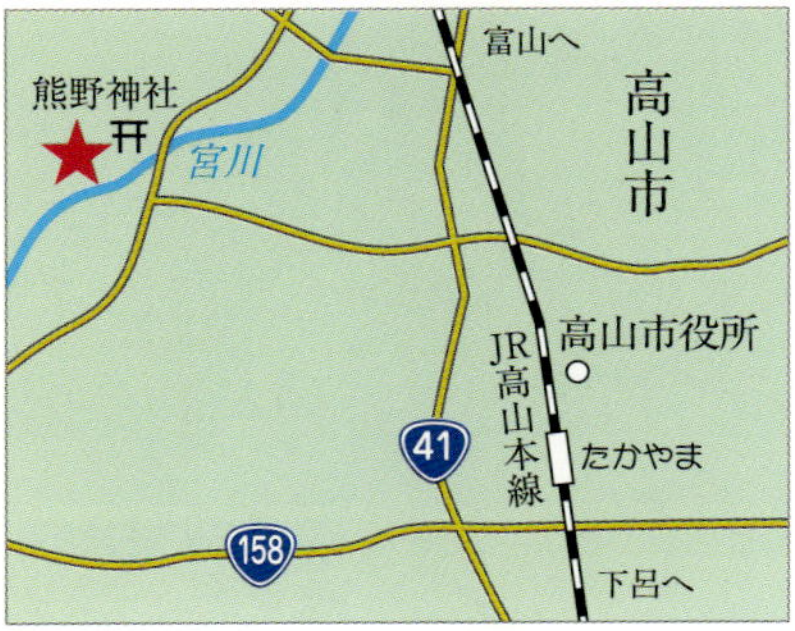

# 神様イチイ

⑬ 高山市清見町

## せせらぎ街道沿いの御神木

郡上八幡と飛騨高山を結ぶ県道73号・通称「せせらぎ街道」は新緑や紅葉の時期に、多くの観光客が訪れる快適なドライブコース。「せせらぎ街道」には日本海と太平洋を隔てる分水嶺があり、変化に富んだ景色が渓谷沿いに楽しめる。

その峠近くの道路沿いに数本の支柱で支えられた「神様イチイ」がある。昔、木地師が良材を求めて山へ分け入ったとき、山仕事の安全を祈願するため仕事場の近くに生えている木を御神木として祀る慣わしがあったという。このイチイの木もその一つであるとされ、木地師が去った後も地域の人たちは「神様イチイ」として大切に守ってきた。川沿いにあるため根が洗われて一時は心配されたが、護岸によって現在は樹勢も比較的安定している。

夏の神様イチイ

「せせらぎ街道」を道の駅パスカル清見方面から高山方面に向かうと、左側に大きな駐車スペースが見えてくる。それが「こもれび広場」だ。そこを過ぎるとまもなく右側の対岸に、目指す神様イチイがある。「こもれび広場」から歩いて約三分。車窓からも見ることはできるが、カーブが連続す

錦秋のせせらぎ街道

る場所なので近くの駐車スペースに車を止めてゆっくり眺めたい。

## 森林浴を満喫

神様イチイの周辺にはミズナラ、トチノキ、サワグルミ、カエデ類などの落葉広葉樹の森が広がり、特に秋はオオモミジやヤマモミジなどのさまざまな種類のカエデが紅葉し、たいへん美しい。

紅葉の美しさに目を奪われ、つい車を止めて写真を撮りたくなってしまうが、交通量も多く危険なので「こもれび広場」や近くの待避所などに駐車して紅葉狩りを楽しみたい。

街道沿いには遊歩道が整備されており、春の新緑や夏の時期にも森林浴が気軽に楽しめるのでおすすめのスポットだ。遊歩道は数コースあるため、散策をじっくり楽しみたい人は高山市が発行している「森あるきマップ」を手に入れるといいだろう。また、ひだ清見観光協会のホームページでコース説明や見所をチェックしてから出かけるのもお薦めだ。

## ラベンダーの香りに誘われて

「せせらぎ街道」沿いには、ラベンダー園が二カ所ある。高山市役所清見支所近くの三日町地区と道の駅パスカル清見の大原地区にあり、甘い香りのラベンダーが初夏に鑑賞できる。花の見ごろは三日町ラベンダー園が六月中旬から七月上旬、パスカル清見ラベンダー園が六月下旬から七月中旬となっている。ラベンダーの香り成分には鎮静作用があるとされているので、花を鑑賞しながら心地よいひとときを過ごせる。

## いろいろな体験を楽しむ

道の駅パスカル清見はレストラン、売店、ホテル、オートキャンプ場、体験施設などを備えた滞在型の総合公園。休日になると、多くの観光客でにぎわっている。芝生広場でのんびり過ごしたり、河原での川遊びも楽しいが、売店でバードコールのキットを手に入れ、近くの遊歩道を散策するのもお薦めだ。うまく鳴らせば野鳥が応えてくれるかも。さらにホテルの裏にある体験館ではソーセージやパンづくりなどの各種体験にもチャレンジできる。詳しくはふるさと公園パスカル清見までお問い合わせを。

▶三日町ラベンダー園
▼ラベンダーの花

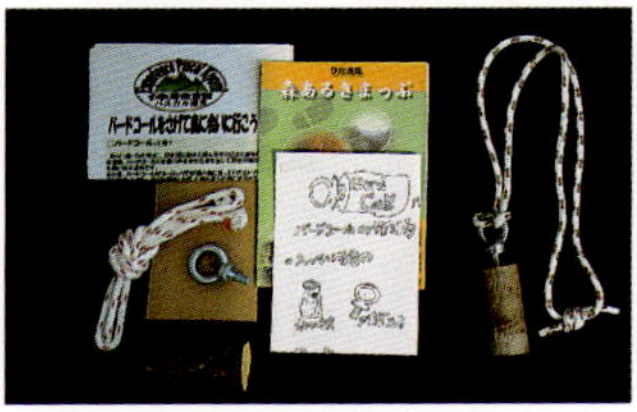

バードコールキット

パスカル清見限定ミートローフ

落ち葉で作るネイチャークラフト

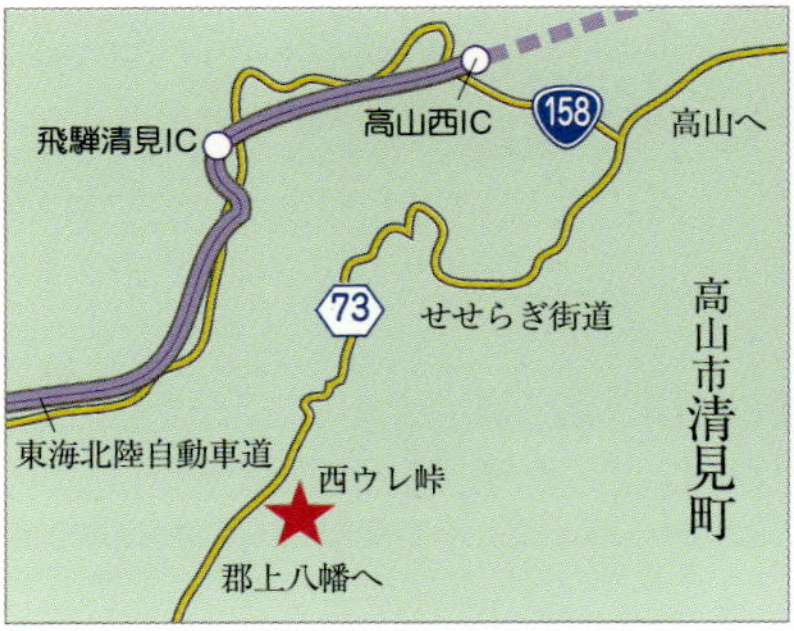


DATA
市指定天然記念物
樹齢一説では約400年
樹高：12m　幹回り：3・64m
所在地：高山市清見町楢谷
駐車場：なし（こもれび広場に数台分）

通学路注意
牛丸木工

# 二ツ葉グリ

14 高山市清見町

## 二股に分かれた不思議な葉

野山を歩いていると、しばしば変わった形の葉を見つけることがある。若葉のころ、虫などに食害されたり、病気にかかったりするのが主な原因だ。

高山市清見町にある「二ツ葉グリ」も変わった葉をつけるが、そういった類ではなさそうである。葉の約半分から先が二つに分かれており、この現象はその木が持っている性質と考えられる。

冬の二ツ葉グリ

別角度から見る

花の時期は特有の臭いが漂う

途中から2枚に分かれている葉

この珍しい栗の木は、実在した人物「牧の源次」が主人公の仏教伝説と深く関わっている。伝説によると、二ツ葉がつくのは牧の源次が仏様の御慈悲で極楽往生した証なのだという。

二ツ葉をつけるのは全体の葉の約一割。この性質は遺伝し、実から育てたものにも二ツ葉が表れるという。もとの木はすでに枯れており、現在の木は二代目である。

場所は、道の駅「ななもり」を過ぎて国道１５８号を高山方面へ向かうと左側に喫茶店があり、そこを左折した約二〇〇メートル先の道沿い。

住宅地内の個人の敷地に生えているので、駐車や見学などに際しては、迷惑がかからないよう注意したい。

## 飛騨インタープリターアカデミー編『飛騨で見られる樹木』

前年出版された『飛騨で見られる野草200＋20（飛騨インタープリターアカデミー編）』に引き続き、今回は樹木編として『飛騨で見られる樹木』が発刊された。「ぜひ覚えたい20」、「山菜・果実」、「カエデ類」、「その他の樹木」、「針葉樹」の五項目で構成されている。

飛騨地方の野山を歩くとき、まず最初に「ぜひ覚えたい20」として取り上げられている二〇種類の樹木を覚えればいい。二〇種類であれば、何とか覚えられはず。秋の紅葉時期には主役になるカエデの仲間も一つの項目として取り上げられている。

『飛騨で見られる樹木』

本の大きさは、散策するとき手に持ちやすい一二〇×一七五ミリという大きさ。一三〇ページ、写真はオールカラーで見やすい編集になっている。

図鑑と違う点は、花弁が何枚とか高さは何メートルなどいうことではなく、インタープリターが自然について解説するときの解説書として作られていること。樹木は難しそうで覚えられない、違いがよくわからない、などと思っている人にお薦めの一冊だ。

## ひだ清見で中華そば「アップ・タウン」

せせらぎ街道を高山市街地方面から郡上八幡方面へ行くとき、清見支所を通り過ぎて約一〇分も走ると、右側に中の島キャンプ場が見えてくる。その少し手前の左側に「アップ・タウン」がある。

ひだ清見にはいくつか中華そばがあるが、その中では一番こってりした、風味のある中華そばだろう。その味は昔から受け継がれたたもの。子どものころ食べた味などと、表現する年配者も少なくない。並五五〇円、大六五〇円、草餅の入った力中華そば七〇〇円。ほかにコーヒー＆草餅セット五〇〇円もある。

草餅の入った力中華そば

## 自然案内人養成講座・飛騨インタープリターアカデミー

岐阜県が支援し高山市（旧清見村）が運営する飛騨インタープリターアカデミーが、平成一五年七月にオープンした。

同アカデミーは総合コース（全五二講座）と専門コース（全二八講座）に分かれている。自然案内人を養成する本格的な講座としてよく知られるようになり、今年七月には三期生を迎えた。講座の内容は植物学や地質学、薬学など幅広い自然科学の基礎だけでなく、当然散策会などの参加者に伝えることが必要なため伝え方、話し方はもちろんのこと、救急対策のための救急救命法なども学んでいる。

雪の中の観察会で説明する飛騨インタープリターアカデミー修了生

修了生はビジターセンター・エコミュージアム関ヶ原の自然解説員や高山市国府町・宇津江四十八滝インフォメーションセンターでの自然解説、朝日カルチャーセンターの「自然案内人入門講座」の講師、岐阜県森林レンジャー養成講座の講師や南飛騨の森の案内人での講師などで幅広く活躍している。

同アカデミーでは「本科で受講できなかった人には、一泊二日の特別講座（能力開発講座）もあります。ぜひいっしょに学びませんか！」と本科の受講生や能力開発講座も募っている。本科の受講生募集は毎年一月上旬から三月下旬まで。まずは飛騨インタープリターアカデミー（TEL〇五七七・六八・一〇八八）まで問い合わせを。

飛騨インタープリターアカデミーの現地実習風景

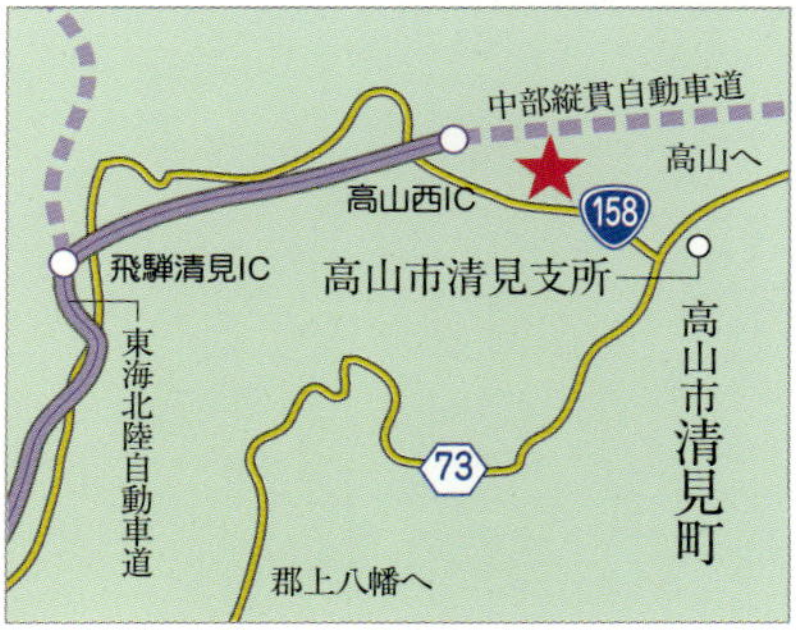


DATA
県指定天然記念物
幹回り：1・6m
所在地：高山市清見町三日町

# 六本ヒメコ

15 高山市一之宮町

## 位山のふもとにマツの大木

六本ヒメコと呼ばれれるヒメコマツが高山市一之宮町にある。二〇〇五年二月一日の合併前は宮村といったので、位山《くらい》のふもとの宮村といったほうがわかりやすいかもしれない。

川上岳から位山方面を見る

近づいて葉を観察するとゴヨウマツ（五葉松）の意味がわかる

モンデウスキー場のゲレンデを正面に見て、右の位山ダナ平《びら》林道を上っていく。未舗装の道を車で三〇分は行く。普通乗用車では不安があるので、オフロード仕様の四輪駆動車をおすすめする。

ほぼ林道の終点近くの道沿い、右手ガードレールの下にめざす木がある。道には「六本ヒメコ」の樹名板があるが、少し見えにくい位置にあるため、運転に夢中になっていると見落としがちなので要注意。実際私自身、見落としてしまったことがある。

湿原植物の豊富な刈安湿原

道から斜面の下を見ることになるが、それでも幹回りの大きさはよくわかる。十分に感動するはずだ。

※ヒメコマツの正式名称はゴヨウマツ。ヒメコマツは別名なので注意。

DATA
推定樹齢600年
樹高：18m　幹回り：5・15m
所在地：高山市一之宮町
駐車場：なし

# 七本椹《さわら》

⑯ 高山市朝日町

## 樹齢八百年の巨木

なんと四三メートルという高い樹高を持つサワラが、高山市朝日町甲《かぶと》にある。県の天然記念物に指定されており、樹齢も約八〇〇年ともいわれている。

県道87号を久々野町方面から進んでくると、甲という交差点になる。そこを右折すると、国道３６０号になり高根町や長野県開田村方面に向かうことになるが、少し細くなる道に向かってまっすぐ進む。少し進むと左手前方にすくっと延びたサワラが目に飛び込んでくるはずだ。横に釈迦堂があるので、その近くに車を止められる。

このサワラには、かつて甲村に住んでいた文左衛門たち七人兄弟が、父の遺骨とサワラの苗を植えたものという言い伝えが残されている。

近くを通る国道３６０号から見ても、大きなサワラが確認できるので、見逃すことはないだろう。

近くで見ると、大きさがわかる

朝日町では各所で枝垂れ桜が鑑賞できる

DATA
県指定天然記念物
樹齢約８００年
樹高：43m　幹回り：9・6m
所在地：高山市朝日町甲
駐車場：なし

# 日和田《ひわだ》高原のシラカバ林

**17 高山市高根町**

## 飛騨でもめずらしい白樺林

シラカバが立ち並んだ火祭りの会場から望む御岳

日和田高原は霊峰・御岳の中腹といってもいい場所にある。辺り一帯からは御岳を仰ぎ見ることができる。

秋にはシラカバの周りに黄色のアキノキリンソウが咲く

日和田高原は標高約一四〇〇メートルに位置し、標高が少し高い場所に生育するシラカバ（正式名称シラカンバ）を見ることができる。

飛騨地方といっても、あまりシラカバの林を見ることはできない。この日和田高原は数少ない場所の一つだろう。

シラカバ林と紅葉は一枚の絵のようだ

八月第一土曜日に開催されるかがり火まつりの会場やその周辺は、白い樹皮をしたシラカバ林になっている。

春の柔らかな新緑、夏には高原の爽やかな風がシラカバの葉を揺らし心地よい。秋は日和田高原全体が赤や黄色に染まり、紅葉の中の散策を楽しむことができる。冬はシラカバ林の中をスノーモービルで走り抜けると最高だ。

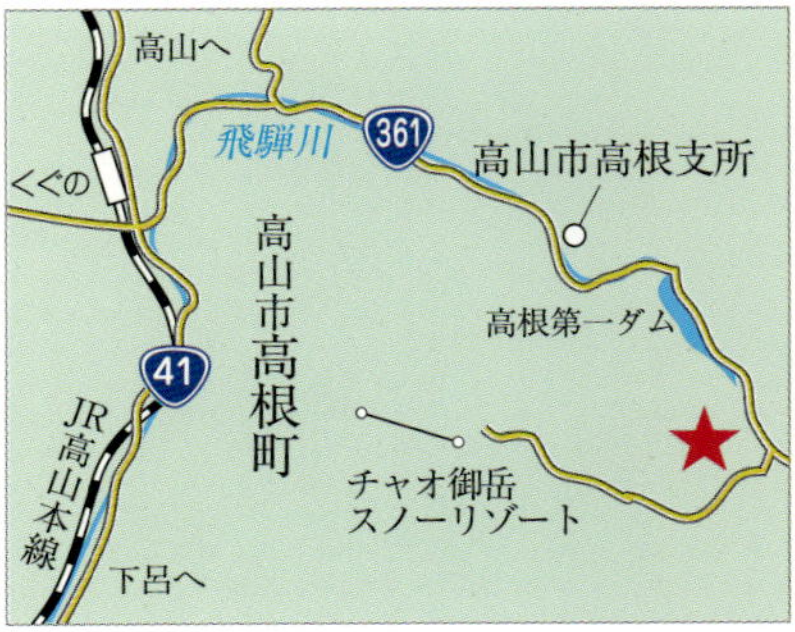


DATA
所在地：高山市高根町日和田

神明神社
岐阜県指定
天然記念物
坂下の

# 坂下《さこれ》のケヤキ

18 下呂市小坂町

## 神社をおおう葉陰で憩う

高山市方面から国道41号を通り、下呂市萩原町に向かう途中、小坂町の外れ近くに坂下《さこれ》のケヤキがある。

ゆるやかな下りカーブの左側をよく見ると、サコレのバス停がある。その奥にある神明神社の鳥居のわきにケヤキがあるのでわかりやすい。ケヤキのほうが目に飛び込んで、神社があることに気づかないかもしれない。

冬の早朝はまた違った趣がある

国道のすぐわきで観賞できる

車を走らせていても、このケヤキはすぐにわかる。芽吹きのころの目に優しい新緑、深い緑になる盛夏。こんもりと生い茂ったケヤキの葉の下では夏の日差しもさえぎられ、昼寝をすると気持ちがいい。

秋は葉が茶褐色になり、落葉した冬は枝振りがよくわかる。

車窓から見ていると、ケヤキが移りゆく季節を教えてくれる。

鳥居の近くには、数台の駐車スペースもあるので、休憩をとりながらのケヤキ観賞もいいだろう。

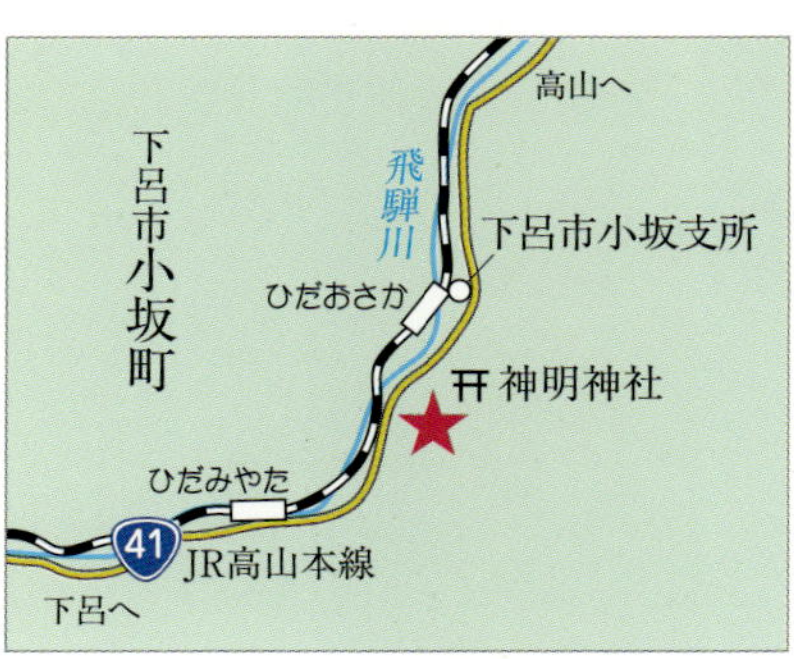


DATA
県指定天然記念物
樹齢推定500年
樹高：22m　幹回り：5・9m
所在地：下呂市小坂町坂下神明神社
駐車場：数台の駐車スペースがある

# シダレグリ自生地

19 下呂市下呂町

## 全国でもめずらしい自生地

全国的にも珍しいシダレグリの自生地が、下呂市下呂町宮地にある。六〇〇〇平方メートルの自生地内に約八〇本の枝シダレグリが生育している。なかには樹齢一〇〇年以上の木もあるという。自生地内には歩きやすいように、遊歩道が設けられているので、ゆっくり散策が楽しめる。

落葉時期には樹形がよくわかる

下呂市役所から中津川市方面へ国道257号で向かうと、約一〇分で右にコンビニ、斜め左前方にガソリンスタンドが見えてくる。その信号を左に折れ、さらに車で一五分～二〇分走る。看板が出ているので、見落とさないようにすれば着けるだろう。左側の山へ向かって行くと思えば、間違いない。

花の時期になると、自生地一帯はクリ独特の甘酸っぱいような匂いがたちこめる。秋に訪れると、イガから顔を出したクリが、「秋」を演出してくれるはずだ。

宮地の信号を乗政方面に曲がる

2Km地点に看板があるので、そこを左折

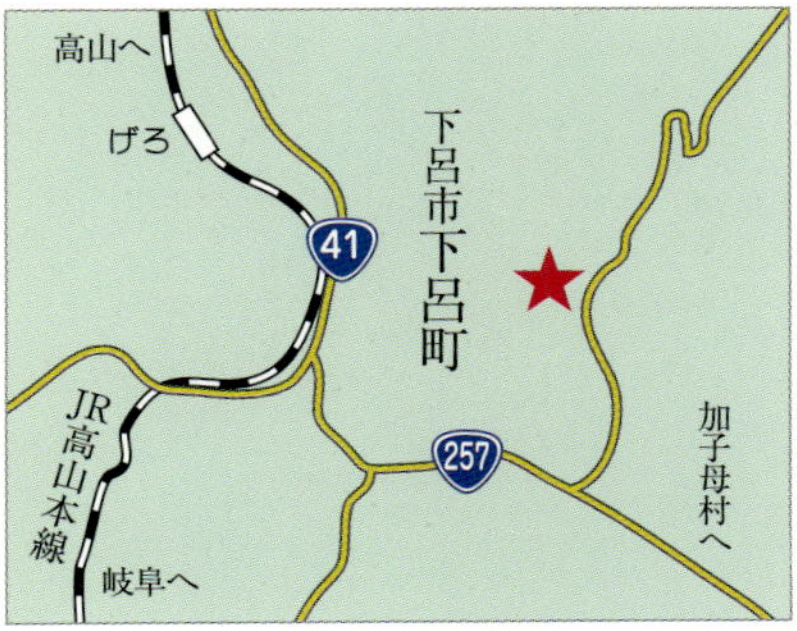


DATA
国指定天然記念物
自生地の面積約6000平方メートル
所在地：下呂市宮地枝垂栗自然公園
駐車場：あり

# 鯰号《なまずごう》の大榧《おおかや》

20 下呂市金山町

## 川の対岸から観賞したい

道路わきに生育している

「鯰号の大榧」？　何て読むの？　と首を傾げた人も少なくないだろう。これは「なまずごうのおおがや」と読む。

場所は下呂市金山町大船渡。合併前の金山町役場の道のすぐ下、目の前だ。山の中にある木やぽつんと道端にある木を説明するのは難しいが、このように目印になる建物などがある町中の木はあまり説明に困らない。

木の生育している辺りはちょうど飛騨川と馬瀬川の合流点近くにあたる。私がおすすめしたい観賞場所は木の対岸だ。そこから見ると全体がわかるし、流れのある川があるため眺めていても動きがあっていい。撮影場所としても最適だ。

▶たしかに深そうな淵

▼対岸にある東屋付近が撮影ポイント

鯰号は字《あざ》名。ナマズが多く生息していたために、その名前が付けられた。木の下の川はとても深そうで、ナマズもたくさん生息していただろうとうなずける。

DATA
市指定天然記念物
樹高：3m　幹回り：15m
所在地：下呂市金山町大船渡
駐車場：なし

COLUMN

# 巨木
…………といえば

推定樹齢7200年ともいわれる
縄文杉

縄文杉へは途中までトロッコの軌道を行く

国内で巨樹巨木の名をあげろといわれれば、日本一といわれる巨木や身近にある巨木の名前を挙げるかもしれない。屋久島の縄文杉をあげる人も多いはずだ。実際に行ったことがなくても、島の約20パーセントがユネスコの世界文化遺産に登録されたこともあり、メディアでしばしば取り上げられているということもあるだろう。巨木といえば「屋久島の縄文杉」と答える人は多いはずだ。

屋久島は鹿児島県の鹿児島本港から高速船で、約2・5時間。島に着くと、ほかの南の島々とは少し趣が違うことを感じるはずだ。周囲約130キロの屋久島には九州で最高峰といわれる1936メートルの宮之浦岳がある。そして、それに連なる険しい山もあり、深い森があるのだ。白い砂浜の広がり、平面に近い南の島々のイメージではないのだ。

# 岐阜

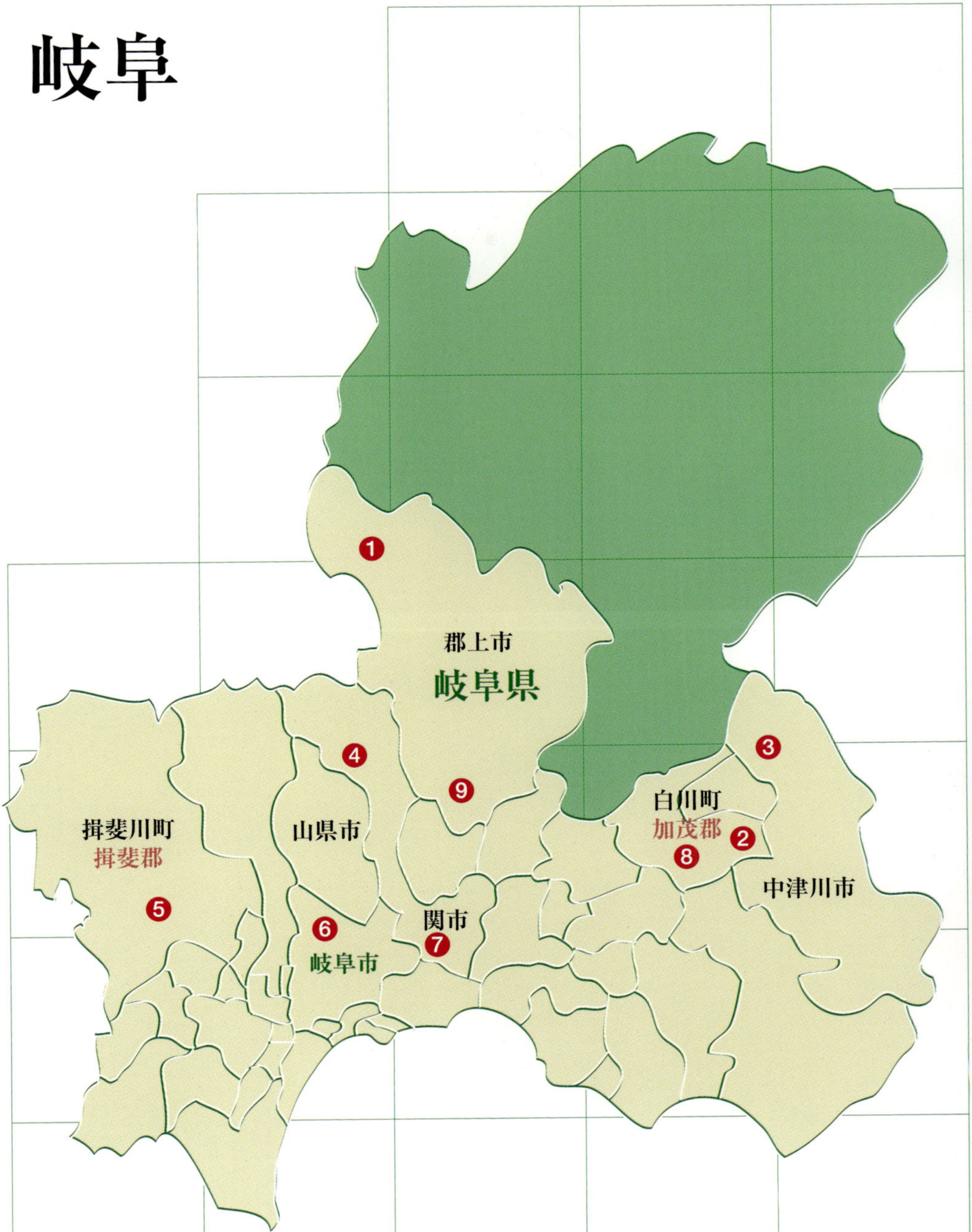

60

# 石徹白《いとしろ》のスギ

① 郡上市白鳥町

## 白い壁のような幹

大杉のたたずむ広場

石徹白地区にある白山中居神社から林道を川沿いに約七キロ進むと駐車場がある。ここは白山登山道の起点にあたり、そこから石段を約一〇分かけて登れば大杉のたたずむ広場に到着する。長年の風雪などによって無惨にも幹は途中から折れてしまっているが、大きな白い壁がそびえ立つような迫力は往年の勇姿を思い起こさせる。昔、白山を開山した泰澄大師の杖がこのスギになったという伝承は有名。大人一二人でやっと抱えることができることから「十二抱えのスギ」とも呼ばれている。

環境省調査で全国第五位の日本を代表するスギの巨樹で、昭和三二年に国の特別天然記念物に指定された。

▲白山登山道の登り口

◀見る方向によって印象が異なる

この大スギは周囲を一周しながらゆっくり眺めてほしい。数種の樹木が大スギの樹上で生育しており、残っている枝とともに、さながら一つの森をつくっているようにも見える。見る方向によって印象が異なるため、自分のお気に入りの撮影ポイントを探すのがいいだろう。近くには水飲み場もあり、ゆっくり過ごせる場所だ。

石徹白地区へは白鳥町前谷

地区から県道314号で峠を越える。道の駅「白鳥」から国道156号を北へ約一・五キロ進むと石徹白方面への県道の分岐点がある。

## 満天の湯

石徹白地区は、大きなスキーリゾートがあることでも知られている。

汗をかいたら温泉でひと休み

県道の峠近くには新しい温泉施設「満天の湯」があり、冬にはスキー客でたいへんにぎわう。休憩や飲食もできる本館のほか、個室露天風呂が別棟で一〇室あり、気のあった仲間同士で利用できる。休日には待ち時間ができるほどの人気だ。

泉質は炭酸水素塩泉で筋肉痛や関節痛にも効くそうなので、散策後に温泉で一服するのもおすすめだ。

正面奥が長瀧寺、右側が白山神社、手前右のスギが県指定天然記念物

## 長滝白山神社と白山長瀧寺

国道156号沿いの道の駅「白鳥」の国道をはさんだ反対側に長滝白山神社と白山長瀧寺がある。もとは神仏習合の山岳寺院、白山中宮長滝寺として白山信仰の美濃の拠点であった。その拠点は馬場《ばんば》と呼ばれ、加賀、越前とともに美濃の馬場として大変栄えていたとされている。しかし明治政府の神仏

分離政策によって、一つの境内で白山神社と長瀧寺などに分かれ今に至っている。

収蔵宝物の一部は近くの白山文化博物館で見ることができる。往年の白山信仰をはじめとした歴史に興味のある方はぜひ訪れてみたい。なお、境内には根周りが約八メートルの県指定天然記念物の立派なスギがそびえ立っている。

国道沿いにあるコーヒー店

## 喫茶「みのばんば」

道の駅の前に喫茶店「みのばんば」がある。古い民家を解体した材料が随所に使ってある落ち着いた雰囲気の珈琲専門店だ。店内には美しいカップなどの食器も飾ってあり、実際にそのカップを使ってコーヒーが飲める。おすすめのモーニングサービスは八時から一一時三〇分まで。自家製ケーキも見逃せない。月、第四火曜日定休。

落ち着いた雰囲気の店内

DATA
国指定特別天然記念物
樹齢推定1800年
樹高：25m　幹周：14・5m
所在地：郡上市白鳥町石徹白河ウレ山
駐車場：あり

白山文化博物館
開館：9時～16時30分
休館日：毎週火曜日（祝日の場合は翌日）
TEL：0575・85・2663

文化財を大切にしましょう

# 薬研洞《やげんぼら》の大ナラ

② 加茂郡白川町

## 二ツ森山の主

白川町と中津川市福岡町との境にある標高一二二三メートルの二ツ森山は、その名の通り山頂が双子のように並ぶ地域のシンボル的な山だ。

白川町と福岡町を結ぶ県道70号の切越峠から山頂へ向かう登山道が整備されている。山頂手前に分岐点があり、右側へ下って展望台を越えると目指す大ナラが斜面にひっそりと立っている。

別角度から見る

この周辺は通称薬研洞と呼ばれる標高約一一〇〇メートルの深山で訪れる人もほとんどいない。そのためかこの大ナラに出会った時の感動はひとしおだ。まわりの木々を圧倒する巨大さで、根回りは約一二メートル、西方向への枝張りは約二〇メートルと圧巻である。樹勢はまだまだ良好で、秋には多くのドングリを実らせる。樹種はミズナラで平地のコナラに比べドングリは大きい。

登山道入口にある看板

切越峠から登山道を片道約二時間の行程なのでゆとりをもって出かけたい。林道を使う別のルートもあるが、あまりおすすめできない。二ツ森山の山頂からの眺望もおすすめ。

登山道周辺には大ナラのほか見どころスポットがいくつかあるが、地元の人たちが大切にしているフィールドなので、くれぐれもルールを守って楽しんでいただきたい。

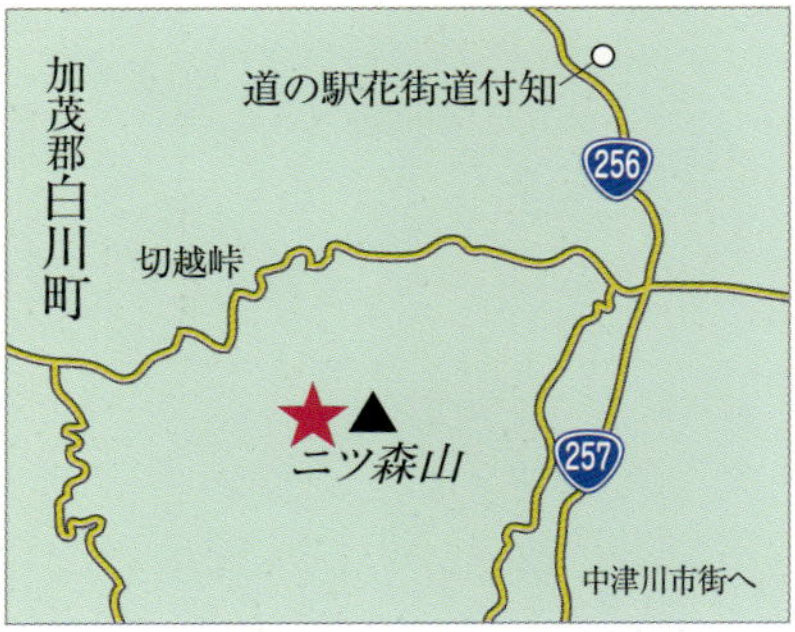


DATA

県指定天然記念物
樹齢３００年以上（環境省）
樹高：25ｍ　幹回り：６・９ｍ
所在地：岐阜県加茂郡白川町黒川大島
駐車場：切越峠付近に5台程度

# 加子母《かしも》のスギ

3 中津川市加子母

## 源頼朝ゆかりの大杉

下呂から中津川方面へ向かう国道257号の最初の峠が舞台峠だ。峠には「加子母の大杉」の大きな看板があり、スギまで車で約三分。平坦な場所に生えているため、途中からその位置は容易に確認できる。

このスギは、大杉地蔵尊とともに鎌倉時代の伝承を今に引き継いでいる。八〇〇年以上前の建久五年に源頼朝がこの大杉の近くに地蔵尊を安置するよう命じたという。それ以来、何でも願いをかなえてくれる大杉地蔵尊として多くの参拝者が訪れるようになった。

幹は寸胴《ずんどう》で重量感があり、上部の幹が折れているものの樹勢は良好。昭和初期に折れた枝の年輪を測定したところ、約八〇〇年であったため樹齢は千数百年とも推定されている。またこのスギは鎌倉時代の高僧文覚上人にも関わりがあり、隣に墓石がある。上人ゆかりのなめくじ伝説に関連して、旧暦七月九日には奇祭「なめくじ祭り」が行われる。

加子母のスギから東へ徒歩約五分の場所に小さな池がある。今では飲めないが、伝承では地蔵尊に祈願してこの池の清水を飲むと母乳がよく出るとされている。岐阜県の名水にも指定されており、ぜひ立ち寄りたい。

地蔵閣と大杉

▲乳子の池の由来

◀遠くからでもよくわかる

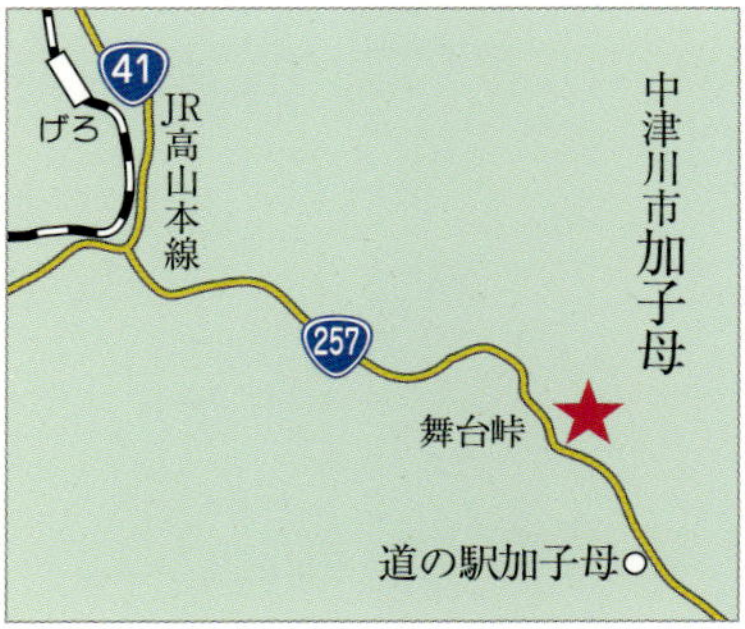


DATA

国指定天然記念物
樹齢：1000年（環境省）
樹高：30・8m　幹回り：13m
所在地：岐阜県中津川市加子母小郷
駐車場：あり

# 杉原の大スギ

④ 関市板取

## 八百比丘尼伝説の巨樹

旧板取村杉原に大スギがある。名前は「杉原の大杉」。このスギには八百比丘尼《やおびくに》の伝説が残されている。

馬瀬村の次郎兵衛が乙姫様からいただいた玉手箱の中の人魚を家中で食べ、全員が亡くなってしまったが、一人娘だけはいつまでも生き続けたという。その娘は日本中を仏の教えを説いて回り、八百比丘尼《やおびくに》と呼ばれた。比丘尼はこの地で即身仏になったといわれ、そこに植えたスギがこの杉原の大杉とされている。そんな伝説を知ってスギを見上げると、なにか物哀しい気持ちになってしまう（大スギの前にある解説板と二一世紀の森の展示室の解説板では少し説明が異なっている）。

二一世紀の森の展示室で、旧板取村のスギマップや解説を一読すると、一度は見てみたいと思えるスギが出てくるはず。とりあえず展示室に立ち寄ってからこの地域を巡るといいだろう。

ほかにも旧役場からすぎのこキャンプ場に向かう途中、国道２５６号沿いにある老洞のケヤキに足を停めてもいいだろう。

国道256号沿いにある老洞のケヤキ葉

杉原の大杉の前にある解説板

二一世紀の森の管理棟

DATA
樹齢約900年
樹高：50m　幹回り：3・5m
所在地：岐阜県関市板取杉原
駐車場：あり

# 新宮塚のムクノキ

⑤ 揖斐郡揖斐川町

## 関ヶ原の落ち武者伝説

ごつごつした幹

揖斐川町役場を南に向かう。揖斐川を越えると、道は右に大きくカーブしているが、何しろ道なりに進む。約二・六キロの所にある信号を左折し、一〇〇メートルも行くと、右手に大きなムクノキが田んぼの中に一本立っている。左折する信号の手前から左手前方に見えるので、その辺りまで行くとわかるはずだ。

いろいろな角度から見てみたい

このムクノキは一六〇〇年に起きた天下分け目の決戦・関ヶ原の合戦に関係した伝説を伝えている。戦いに破れ、逃げのびる途中の落ち武者、鳥居左衛門がこの地にやってきて、村人たちのもてなしを受けたという。だが落ち武者はここで亡くなってしまった。そこに墓標代わりに植えた木が、このムクノキといわれ、切ったりすると、たたりがあるとされる。そのため田んぼの中に、今でも一本ぽつんと残されているのだ。

うしろ側から見たところ

ムクノキの後ろには、春でも雪を被った伊吹山が美しくそびえている。なかなか絵になる風景だ。

DATA
県指定天然記念物
樹高：28・5m
幹回り：6・5m
所在地：揖斐郡揖斐川町新宮
駐車場：なし

県指定天然記念物
大智寺の大ヒノキ

# 大智寺の大ヒノキ

**6 岐阜市山県北野**

## 寺の境内にある老木

寺院の山門を二つくぐると、真正面にお目当ての大ヒノキが現れる。ヒノキといえば優秀な建築材として素性もよいので、まっすぐにそびえ立つ大木を思い浮かべるかもしれないが、この大ヒノキには長い年月を経て風格を備えた老木という表現がふさわしい。

コケのついた幹は大きくねじれ、内部の一部は空洞になっている。過去に雷が落ちたり、長年風雨にさらされるなど過酷な条件の中で生きながらえてきたことを思わせる。残念ながら樹勢はあまりよくないようだ。上部には葉がほとんどなく、樹皮も一部はがれて痛々しい。それでも目通り七メートル近い幹周りの大木を見上げるとその堂々たる姿に見とれてしまう。立派な鐘楼や本堂の建ち並ぶ境内の一画で大切に保護されている。

周囲もじっくり観賞したい

2つの山門をくぐると大ヒノキは目の前

境内の大ヒノキ

場所は、道の駅「むげ川」から県道94号を岐阜方面へ向かい、約一・五キロで分岐する道を右へ進む。約六〇〇メートル先を右折し、水田の広がる農道を墓地の見える山へ向かって突き当たった右側に大智寺がある。五〇〇年以上前に開かれた由緒ある寺で、広い境内には俳人松尾芭蕉の門弟（蕉門十哲）の一人各務支考の住居「獅子庵」（岐阜県指定文化財）がある。

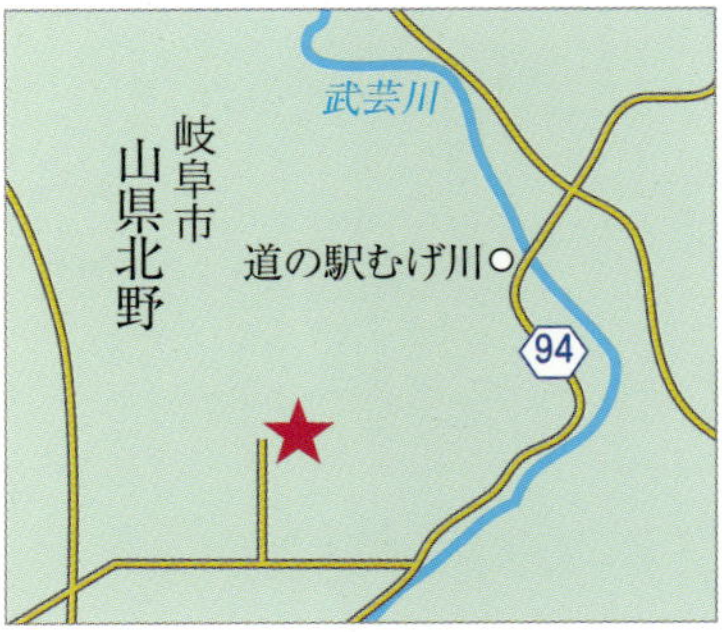


DATA
県指定天然記念物
樹齢700年（推定、現地）
樹高：30m　幹回り：6・6m
所在地：岐阜市山県北野大智寺
駐車場：数台分

# 名無木《ななしぎ》

⑦ 関市東本郷

## 広大な水田の中に残されている不思議な木

曲がって伸びる幹

刃物の町で知られる関市の商店街がある本町の北側には、市役所や図書館や病院など新しい施設が建ち並ぶ。そのすぐ北や東側には区画の大きい水田が遠くまで広がっている。その木は中濃厚生病院の東側約二〇〇メートルの水田のまっただ中に生えていた。

遠目に見てもその存在はよくわかる。近寄ってみると木の周辺は農道もその場所を迂回している。これまで人の手を入れさせなかった何か深い理由のあることが想像できる。木の名前は、「名無木《ななしぎ》」。江戸時代の中ごろ、飢饉に苦しむ農民たちのために犠牲となった名主の大滝金右衛門が埋葬された場所に生えてきた木とされている。

名無木の花

モクセイ科のトネリコ属の木であるが、当時付近ではあまり見ることのない木で、樹名がわからなかったのが名の由来だ。古くから金右衛門の霊木と伝えられており、枝を折ったりするとよくないことが起こるといわれている。

地元の保存会の会員が周囲の草刈りなど慎重に行いながら大切に保護している。以前は根元から幹が四本に分かれていたが、数年前の台風で一番大きな幹が一本折れてしまった。その後、治療によって樹勢回復が施され、毎年四月下旬ごろには白い花が咲くようになった。

DATA
県指定天然記念物
樹齢：約260年（現地）
樹高：11・8m
所在地：岐阜県関市東本郷
駐車場：なし（付近の農道は狭いので迷惑をかけないようにしたい）

# 大山の大スギ

8 加茂郡白川町

## 風雨に耐え堂々とたたずむ

加茂郡白川町に由緒ある神社がある。一つの山の山頂に鎮座するその神社は大山白山神社。正面の大鳥居をくぐり石段を約二二〇段登ると拝殿がある。登るにつれ周囲には神社の御神木となるような目通り三メートル以上のスギの大木がよく目につくようになる。なかには六メートルを越えるものも数本あり、その数は五〇本以上もあるという。

圧倒的な存在感

拝殿をさらに右に進むとさらに二列の石段があり、右の新しい石段を約七〇段登ると左側に大スギが現れる。周囲は神秘的な雰囲気を醸し出しており、特に大スギの存在感には神々しさを感じる。伊勢湾台風で周りの大木の多くが倒壊したにもかかわらず、この大スギは風雨に耐え抜き、現在も健在である。

大スギから少し登ると正面に奥之院があり、そこが標高八六二メートルの大山山頂だ。展望はあまり開けていないが、天気のよい日には遠くに白山を望むことができる。

大山白山神社の鳥居

神社への道のりは少し長いので安全運転を。国道41号を名古屋方面から北上すると、白川町の道の駅「ピアチェーレ」が右前方に見えてくる。手前の交差点を右折し、踏切を越えて、いくつかある大山白山神社の案内看板に従ってしばらく進む。お茶畑の中を曲がりくねりながら高度を上げ、最後は林道を約三キロ登り詰めたところが大山白山神社の駐車場だ。道は何回か分岐しており、途中の看板を見落とさないように注意していただきたい。

不思議な形の女夫杉

## 女夫杉《めおとすぎ》

駐車場から鳥居の右側を三分ほど奥へ入ると女夫杉と呼ばれるスギがあるのでこちらもぜひ立ち寄りたい。二本のスギのその形に妙に納得してしまう。ちなみにこのスギも含んだ社叢は、町天然記念物に指定されている。

## 白川茶

白川町といえば日本茶の有名な産地。本場の白川茶を堪能したい。道の駅近くの国道沿いにある「菊之

山の斜面に広がるお茶畑

▲白川茶セット

◀店の中に日本茶喫茶がある

園」では試飲サービスも行っている。また店内には日本茶喫茶もあり、和菓子付きのセットでゆっくりお茶を楽しんではいかがだろうか。

## 中山七里

下呂市金山町から北へ向かう飛騨川沿いは、かつては大変な難所で飛騨を統治した金森長近が天正年間に街道を開削したといわれている。この区間は中山七里と呼ばれ、七里＝約二八キロの渓谷には奇岩・巨石が見られ、春のイワツツジ（イワツツジは別称。正式名はサツキが正しい）や秋の紅葉がエメラルドグリーンの清流と調和して大変美しい。国道沿いに待避所があるので車を止めてゆっくり渓谷美を楽しみたい。

中山七里の渓谷

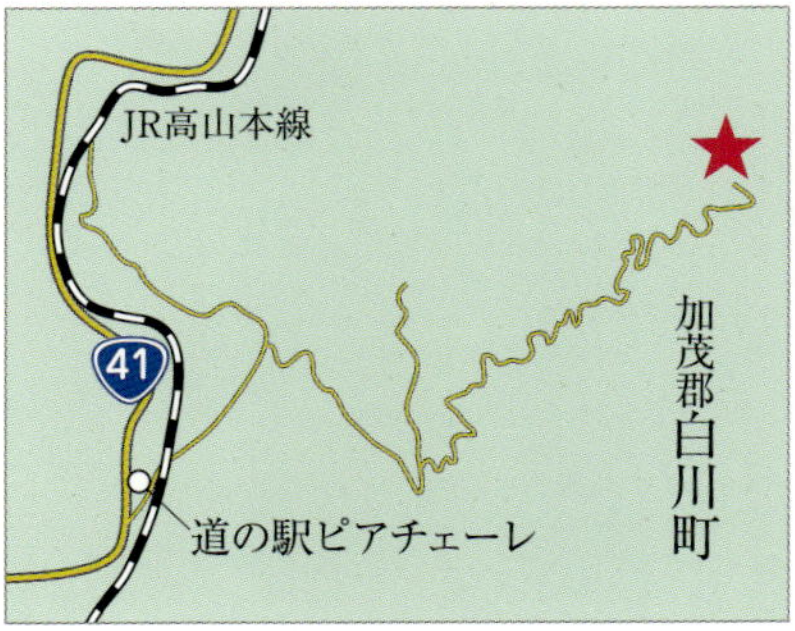


DATA
国指定天然記念物
樹齢：700年（推定、現地）
樹高：36m　幹回り：11・5m
所在地：加茂郡白川町水戸野大山
大山白山神社
駐車場：境内駐車場

# 神ノ御杖《おつえ》スギ

9 郡上市美並町

## 杖が育って御神木に

神社や寺院の境内には御神木と呼ばれる木が多い。その名の多くは神社や地域の名前を冠したものがほとんどだが、「神ノ御杖スギ」とはいかにも神々しく恭《うやうや》しい名前である。

このスギは郡上市美並町の熊野神社の境内にある。伝承によれば、紀州熊野の比丘尼《びくに》（尼僧）が熊野那智大社のご神体を祀った神社をこの地に建立した。そのとき、熊野からついてきた杖を地面にさしたところそれが根付いてこのスギになったといわれている。

スギをよく見ると多くの枝が下向きに伸びていることから、杖を上下逆にさしたともいわれている。樹勢は旺盛だが、頭上から枝が落下することがあるようなので注意したい。

境内は周囲を金網で囲まれているが、鍵はかかっておらず「扉を開けて自由にお入り下さい」とあるのでご安心を。

国道156号を北上し、美並庁舎を過ぎてすぐ細い道を左折して橋を渡って右折する。しばらく川沿いを進むと左が少し開け、東海北陸自動車道の高架が見える。その高架の方へ向かって左折し、約二分で正面にスギが見えてくる。

変わった形の枝や幹

熊野神社

根元も必見

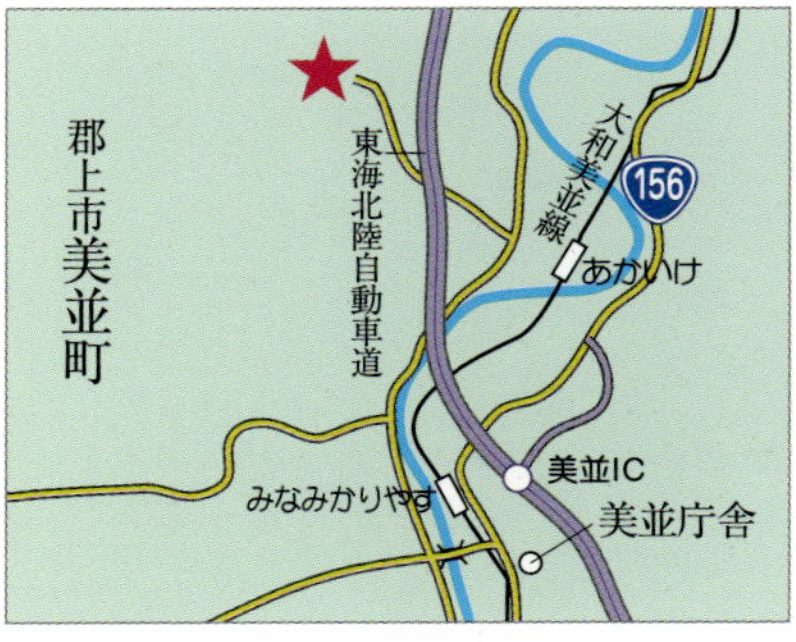


DATA
国指定天然記念物
樹齢：1000年（推定、現地）
樹高：30m　幹回り：9・2m
所在地：郡上市美並町山田杉原熊野神社
駐車場：横に数台分あり

COLUMN

# 巨木 …………といえば

ウィルソン株の内部から上を見る

切り株しか見られないウィルソン株

屋久島は1カ月に35日も雨が降るといわれている。1カ月は長くても31日しかないのに……？と首を傾げるかもしれないが、それほど毎日のように雨が降るということだ。そんな雨の恵みがあって、縄文杉をはじめとする屋久杉が育っているといわれている。

屋久島には推定樹齢7200年ともいわれる縄文杉、縄文杉までの登山道沿いには推定樹齢2000年とも3000年ともいわれる翁（おきな）杉、推定樹齢3000年の大王杉、もう切り株しか見られないのがたいへん残念なウィルソン株などが点在している。それだけでなく白谷雲水峡で見られ推定樹齢3000年の弥生杉や二代大杉、奉行杉など。そしてヤクスギランドでも千年杉、天柱杉、三根杉などが見られる。ヤクスギランドを通りすぎ、約6キロも進むと、道路わきに推定樹齢3000年といわれる紀元杉も現れる。（※弥生杉と紀元杉の写真は102ページに掲載）

# 愛知

# 村上社のクスノキ

## ❶ 名古屋市南区

## 住宅街に鎮座する巨木

▲薄暗い境内に生育するクスノキ

名古屋市南区の住宅地の一角にある村上社。そこへたどり着こうとすると、なかなか難しい。

地下鉄桜通線「鶴里」駅から南へ進むと、桜台高校東の交差点がある。その交差点を西へ曲がって坂を上っていく。目指す場所は高台に位置しているため、クスノキの生い茂った葉を目印に進むといいだろう。

いろいろな角度から見てみたい

クスノキの前に立つとその大きさにびっくり！　住宅街にこんな巨木が残っていることに驚いてしまう。村上社の一角だけ、異次元とでも表現できる空間になっている。

木や緑があるということやクスノキの大きさだけでなく、木の持つ生命力や力強さから出るエネルギーが、そんな空間を作り出しているのだろう。

◀こぶにも圧倒される

ほかの巨木と出会ったときにもいえることだが、まずその木をじっくり眺めてから調査や写真撮影をしたいものだ。

DATA
市指定天然記念物
樹齢約１０００年
樹高：20m　幹回り：6・51m
所在地：名古屋市南区楠町
駐車場：なし

# 笠寺の一里塚

② 名古屋市南区

## エノキの残る一里塚

　一里塚とは江戸時代、一六〇四年（慶長四年）幕府が日本橋を起点にして、主要な街道の一里ごとに道の両側に塚を作らせ道標にしたもの。塚にはエノキやムクノキなどが植えられていた。当時は塚の上にあるエノキなどが、遠方から見え、旅の心強い支えになったに違いない。

　その一里塚が、名古屋市南区笠寺、旧東海道沿いにある。この笠寺の一里塚は日本橋から八八里、約三五〇キロのところのものという。かつては道の両側にあったというが、今では東側の一つだけが残されている。

下から見上げてみたい

左が旧東海道

　ここには塚を上から包むように、一本のエノキが立っている。根が塚の上に出て、枝も両側に伸びている。日差しをさえぎるその枝振りは、塚の下から見上げるとよくわかる。少し離れて見てみると、その形もわかるはず。

　場所は緑区鳴海町から笠寺観音へ向かう旧東海道沿い。

一里塚の標識

DATA
保存樹指定
所在地：名古屋市南区白雲町
駐車場：なし

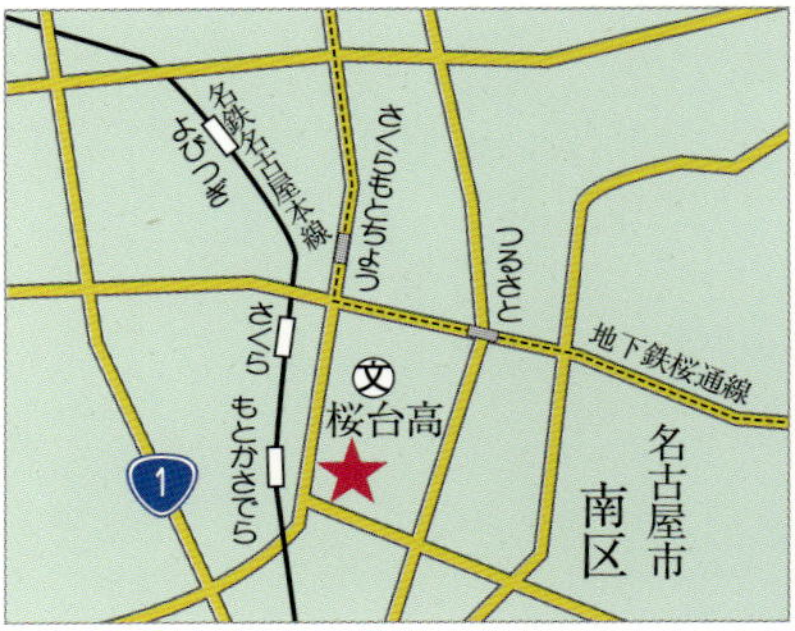

大田の大樟

# 大田の大樟《クス》

③ 東海市大田町

## 市天然記念物のクスノキ

　幹は太くごつごつし、枝振りがいいクスノキが東海市にある。大田町の大宮神社境内にある大田の大樟だ。市役所や大池公園の近くといったほうがわかりやすいかもしれない。

　市役所を目指し、市役所近くにある市役所西という信号を西に向かう。すると大宮神社北の信号が現れるので、そこを左折する。一〇〇メートルも進むと、右手に大宮神社わきの駐車場に出る。そこに車を停め、境内に入ると、大きなクスノキがでーんと座っている。

　クスノキの根元を見ると、中央部分に洞ができていて、その中に「楠王大龍神」の祠が安置されている。

　このクスノキの枝振りは東西二三メートル、南北二四メートルと横に広く、樹勢を感じさせる。

正面の鳥居越しに見る

本殿方向から見る

根元、幹回りも注目したい

DATA
市指定天然記念物
樹高：12m　幹回り：10m
所在地：東海市大田町大宮神社
駐車場：あり

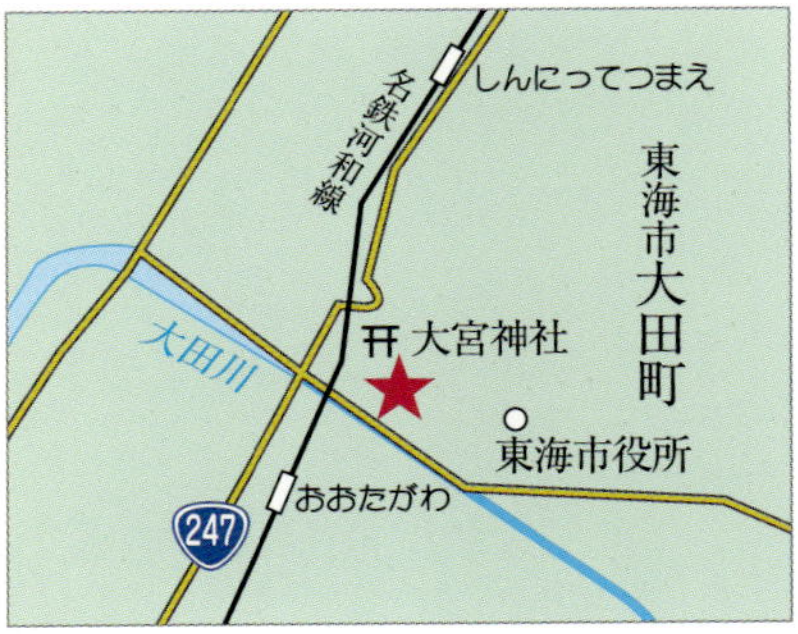

# 津島神社御旅所《おたびしょ》跡のイチョウ

**4** 津島市馬場町

## 神域に遺された貴重な雄株

西暦五四〇年に創建されたとされる津島神社。全国に約三〇〇〇の分社をもつ天王社の総本社だ。織田信長や豊臣一族にゆかりの深い神社でもある。

この神社には県の指定を受けた天然記念物のイチョウが二本ある。一本は東鳥居脇の境内にあるイチョウで、過去の台風などで大枝は失われたと聞くが、幹周が約五メートルもある立派なイチョウである。もう一本が、御旅所跡のイチョウで、東鳥居から境内外の約五〇メートル東に位置している。

かつての御旅所にあったイチョウが、門前町の一画に御旅所跡として塚のような形で残されている。このイチョウは雄株で、通常銀杏をつけない雄株の多くは伐採されるが、御旅所にあったことから御神木として残されたといわれている。植物学の権威である梅村甚太郎氏がその貴重さに県の天然記念物として保全するよう提言したという。

例大祭の一環で行われる川祭が日本三大川祭の一つとして有名で、特に提灯を付けた巻藁船《まきわらぶね》の宵祭（提灯祭）は全国から多数の見物客が訪れる。毎年七月第四土曜日に宵祭、翌日曜日に朝祭が開催される。

東鳥居脇の大イチョウ

境内外の東鳥居奥（左奥）に位置する御旅所跡のイチョウ

浮き出た根が広がる

DATA
県指定天然記念物
樹齢推定400年
樹高：約30m　幹回り：約5m
所在地：愛知県津島市馬場町
駐車場：南鳥居側に神社の駐車場あり

# 連理木《れんりぼく》

## 5 名古屋市千種区

### 市内一のアベマキ

名古屋市千種区城山町にある城山八幡宮。その本殿裏手に縁結び、夫婦円満のご神木として知られる連理木がある。

この連理木は地上約三メートルのところで二股に分かれ、そしてさらにそこから約三メートル上の地上約六メートルの高さのところで、再びくっついている。

よく伸びた枝

絵馬も掛けられている

根を踏まないように、木で作られた階段があり、そのまま連理木の周りを歩けるようになっている。人が大勢訪れると、木の根を踏みしめ、巨木でも樹勢が衰えてしまうことが少なくないのである。縁結びや夫婦円満を願って多くの男女が訪れるのだろう。私が取材していたときも、一人の女性がこの木を訪れていた。

この木は市内一のアベマキといわれ、名古屋市の保存樹に指定されている。アベマキはドングリをつけるコナラやミズナラ、シラカシと同じブナ科。そしてよく似た葉でドングリをつけ、アベマキと間違えやすいクヌギも同じブナ科である。

ごつごつした幹

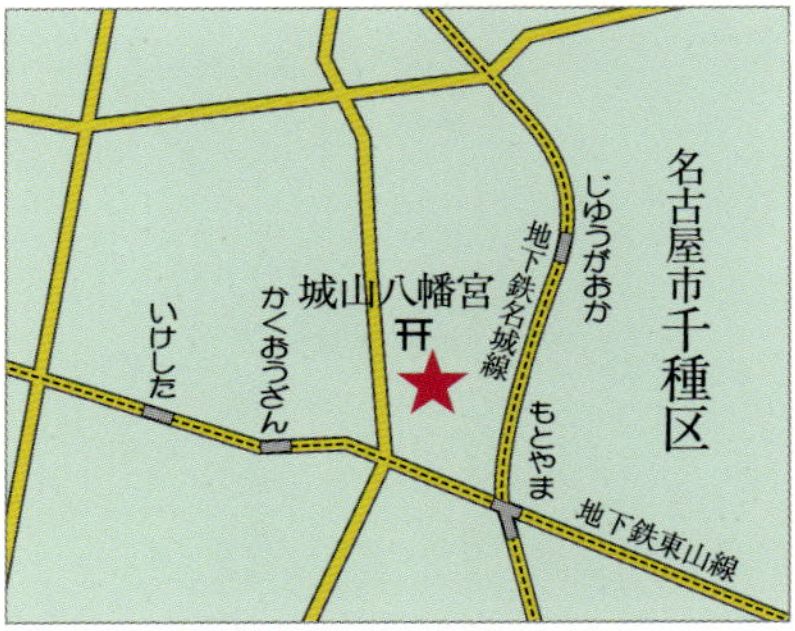


DATA
市指定保存樹
樹高：15m　幹回り：3・53m
所在地：名古屋市千種区城山2丁目
城山八幡宮
駐車場：あり

# くすのきさん

**6 名古屋市中区**

## 戦火で焼け復活した巨樹

このクスノキのある松原緑地は町の真ん中にあるが、場所はちょっとわかりにくい。もしかしたら、山の中にある巨木よりも探し出すのに時間がかかるかもしれない。

金山方面から行くと、国道19号伏見通りの西大須の信号を大須方面に左折。そしてそのまま進み、岩井橋東の信号の手前を左折する。すると柵で囲まれた小さな松原緑地が現れる。そこの真ん中に目指す「くすのきさん」がある。

松原緑地の解説板には「太平洋戦争のとき幹の部分が焼け、一度は枯れてしまったが、根元からひこばえが成長した」と書いてあった。昔から地元の人に「くすのきさん」と呼ばれ、親しまれてきたという。

このクスノキには少し寂しさを感じてしまった。戦後の復興を見続けてきたクスノキなのだろうが、今は幹の部分が空洞になっていて痛々しい。また、保護のためとはいえ、近くに寄れないよう柵が設けられていることもそう思わせた。

柵で囲まれたクスノキ

横からみると内部の空洞がよくわかる

手前にある若いクスノキ

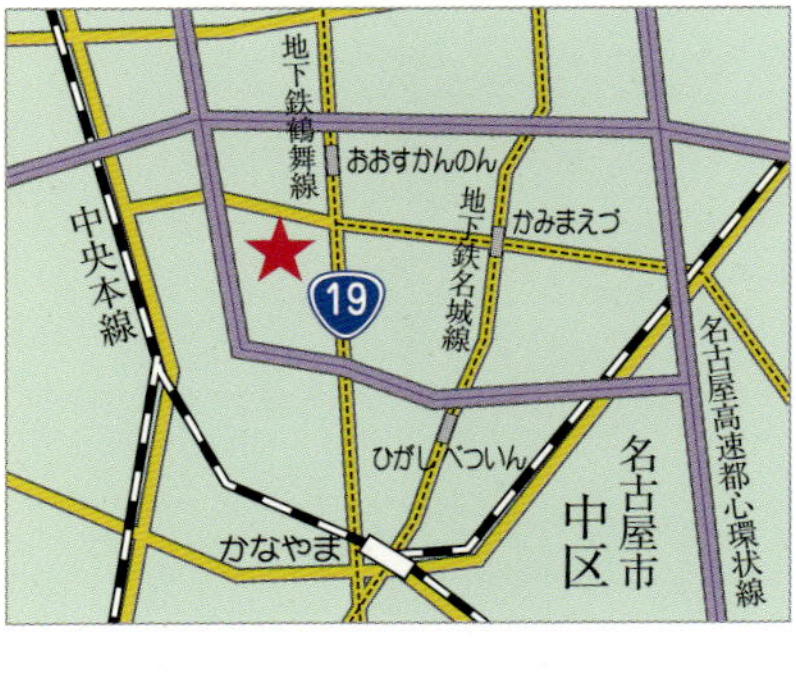


DATA
市指定天然記念物
樹齢1000年
樹高：20m　幹回り：7m
所在地：名古屋市中区松原一丁目
駐車場：あり

# 小袖掛けの松

## 7 名古屋市中区

### テレビ塔の下にたたずむ

▲マツのうしろにはテレビ塔

小袖掛けの松のある場所は名古屋市栄のど真ん中。テレビ塔の近く、セントラルパークの中にあるので、探せばすぐにわかるだろう。

　このマツは若いため、大きく樹齢を経たマツを想像していると見つけにくく、見落としてしまうかもしれない。周りに植えられたケヤキのほうが、よほど大きく立派である。

　この木に関するいくつかの言い伝えが、解説板に書かれている。いわれの一つは太政大臣藤原師長を慕って入水した娘が、小袖をマツに掛けていたというもの。もう一つは争乱の後、この地の長者が帰ってこない娘を探していると、娘の小袖がマツに掛けてあったというもの。どちらも悲しい話だ。栄の中心地に、知られざる歴史を見つけたようで、少しびっくりしてしまった。

　今では喧騒の中に立っているマツだが、その前に立つと、自然の残されていた当時の風景が思い浮かぶ。

◀見逃しやすい小さなマツ

DATA
所在地：名古屋市中区栄　久屋大通公園内
駐車場：セントラルパーク駐車場など

セントラルパークのせせらぎ

# 根上り松

## ❽ 知立市八橋町

### 根がむき出しの奇観

知立市八橋かきつばた園の近くに、根上り松がある。場所は八橋かきつばた園から西に向かって、車で約五分。かつての鎌倉街道沿いだ。かきつばた園から南に向かい、最初の八橋町の信号を右折し、西に向かう。そこからは細い道で、車がすれ違うことができないほど。そのまままっすぐ進むと、左側に松が見えてくる。

裏側から見たところ

▲むき出しになった根

◀道を挟んで全体をみる

根が一・五メートルほど持ち上がった姿は、まるで宇宙船のようだ。SF映画に登場する頭と足だけのロボットと表現したほうがいいかもしれない。

名前の由来は形そのまま。解説板には、この形のマツが安藤広重が描いた東海道五三次の浮世絵に登場し、江戸時代からあったのでは、と記されている。

このマツは個人のお宅のものなので道から見るのはよいと思うが、勝手に中に入り込まないように注意したい。駐車スペースがないので、離れた場所に車を停め、邪魔にならないように歩いていくといい。

近くにある業平塚へも立ち寄りたい

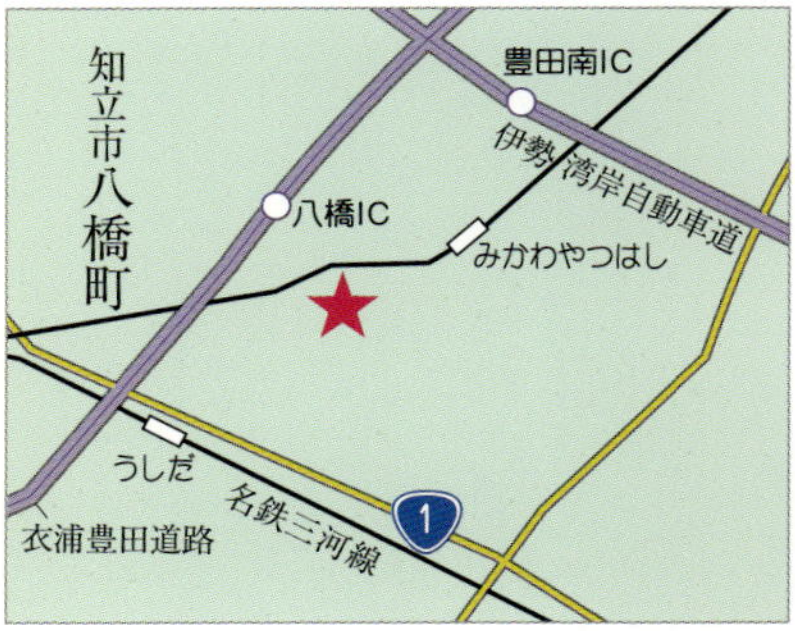


DATA

所在地：愛知県知立市八橋町薬師

駐車場：なし

カキツ姫公園

# 落田中《おちたなか》の一松《ひとつまつ》

⑨ 知立市八橋町

## 業平が唐衣の歌を詠んだ場所

　根上り松と同様、知立市八橋かきつばた園の近くにある。場所は八橋かきつばた園から西に向かって、さらに進んだ先の住宅街にある。根上り松の先の橋を渡った右側。住宅に挟まれた小さな公園の中に一本のマツが立っている。場所がわかりにくければ、地元の人にカキツ姫公園と聞けばすぐわかるだろう。

　カキツ姫公園は在原《ありわらの》業平《なりひら》が都から東に下る途中に、三河の国で美しく咲くカキツバタを見て、妻を思いカキツバタの五文字を歌の頭に入れ込んで歌詠んだ場所とされている。「唐衣、きつつなれにし、妻しあれば、はるばる来ぬる、旅をしぞ思う」。カキツバタの五文字がおわかりになるだろうか？

　そこにあるマツが落田中の一松と呼ばれている。現在は若いマツで、とても在原業平がカキツバタの歌を詠んだ時代のものではないが、いにしえに思いを馳せるにはもってこいの場所と思う。

まだ若いマツ

八橋かきつばた園には業平竹など見どころいっぱい

春には麦も観賞したい

DATA
所在地：愛知県知立市八橋町大流
駐車場：なし

COLUMN

# 巨木

…………といえば

白谷雲水峡で見られ弥生杉

道路わきで見られる
推定樹齢3000年の紀元杉

# 三重

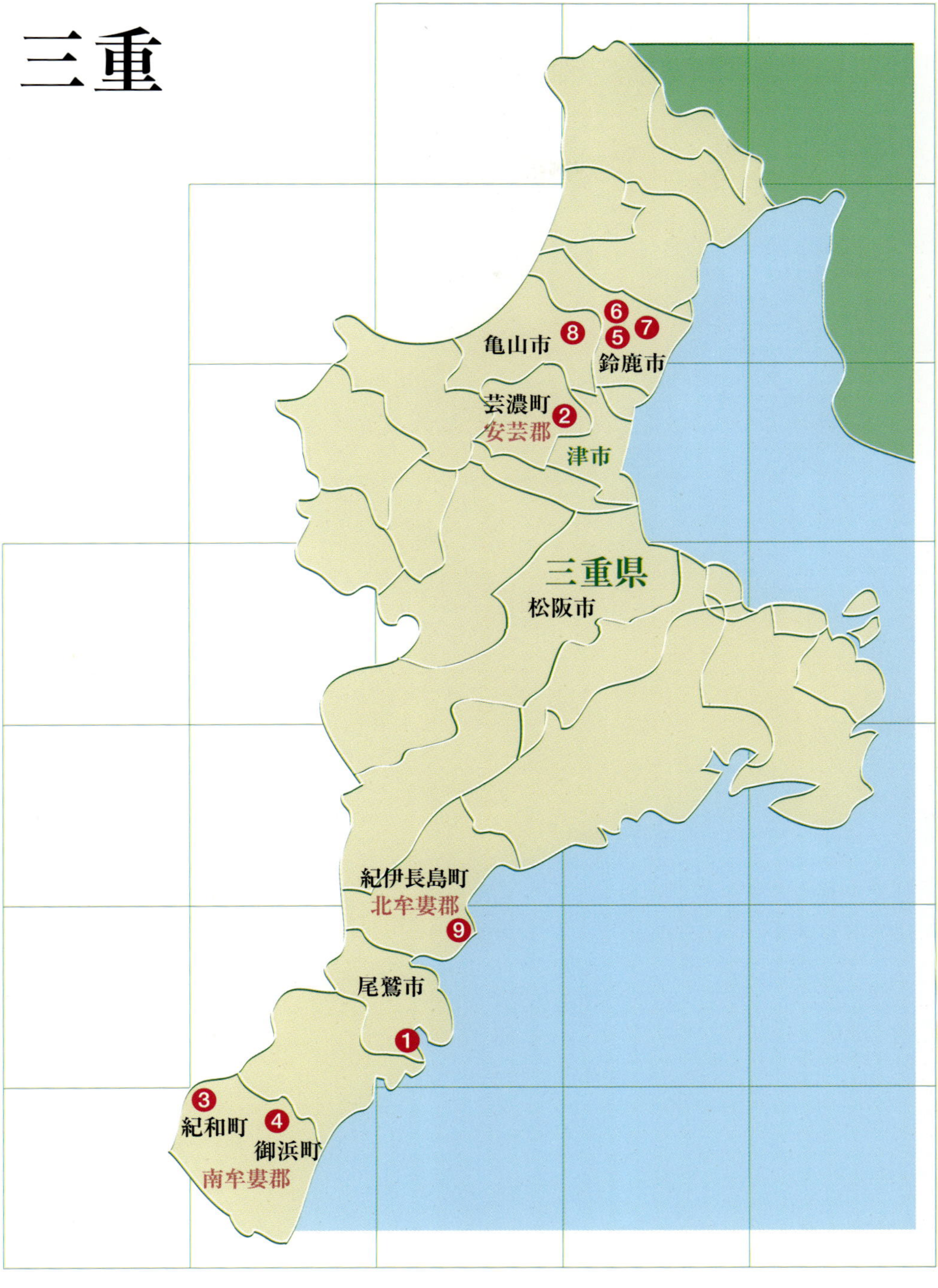

三重県
亀山市
鈴鹿市
芸濃町
安芸郡
津市
松阪市
紀伊長島町
北牟婁郡
尾鷲市
紀和町
御浜町
南牟婁郡
1
2
3
4
5
6
7
8
9

# 飛鳥神社のクスノキ

① 尾鷲市曽根町

## 海岸沿いにある鬱蒼とした社叢の巨木

社叢裏に広がる海

　黒潮の流れる熊野灘に面した尾鷲市。温暖な気候で漁業が盛んな地域として知られるが、面積の約九〇パーセントが山林で尾鷲ヒノキに代表される林業も盛んな地である。

　リアス式の海岸沿いに国道311号が通っており、熊野市との境界近くに飛鳥神社の社叢がある。目当てのクスノキは境内の左端に位置している。正面の鳥居に向かって境内を外から左にまわり込むと迫力ある姿が見えるはずだ。三重県第三位の巨木で、一部大枝が損傷してはいるが、天高く樹冠が広がり樹勢はまだ旺盛。このクスノキをはじめ社叢には巨木が数本ある。特に鳥居をくぐったところにあるクスノキとスギの巨木は、参道を挟んで門のようにそびえ立ち、かなりの迫力だ。また左の社殿前にも巨大なクスノキが頭上を斜めに横切っている。

参道をはさむスギとクスノキの巨木

　うっそうとした社叢の奥は海が広がり、海岸沿いにこれほどの社叢があるのには驚いてしまう。暖帯から亜熱帯にかけて分布するハマセンダン、バクチノキ、オガタマノキなどが混生しており、社叢は県の天然記念物に指定されている。飛鳥神社は、和歌山県新宮市の阿須賀神社の末社で、一〇〇〇年以上の歴史をもつといわれている。

頭上を斜めに伸びるクスノキの巨木

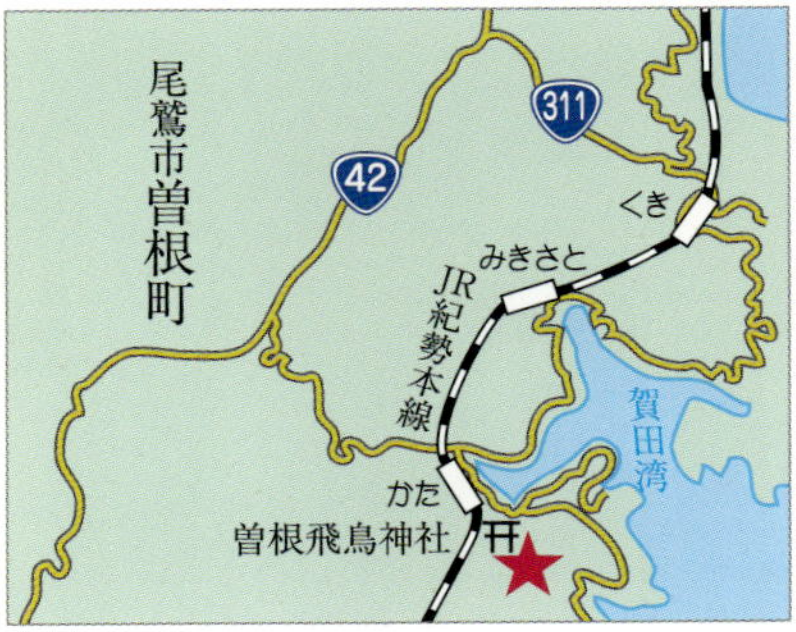


DATA
県指定天然記念物
樹齢：推定1000年
樹高：約30ｍ　幹回り：約11・5ｍ
所在地：三重県尾鷲市曽根町
駐車場：なし。周辺の民家に迷惑のかからないようにしたい。

# 椋《むく》本《もと》の大椋《むく》

❷ 安芸郡芸濃町

## 坂上田村麻呂の家来が住みついたムクノキ

正面から見る

芸濃町役場から約五分のところに椋本の大椋がある。役場から南に向かうが、まずT字路を右折。そしてすぐ左折して、また左折。すると右手に「霊樹大椋と書かれた」案内板が出てくる。

右折、左折とややこしいが、もしわからなくなったら、地元の人に「大きなムクノキはどこ?」と尋ねるとすぐに教えてくれる。

樹下に石碑が立つ

ムクノキの前に立つと、その大きさが実感できる。全体の写真を撮ろうとすると、広角レンズを使って、ずっと後ろに下がる必要があるほどだ。上を見上げると、広がった枝が多い被さってくるように思えてしまう。

後ろに下がって全体を見る

このムクノキの由来は、征夷大将軍・坂上田村麻呂の時代にまでさかのぼる。田村麻呂の家来の野添大膳父子が伊勢路を流浪したとき、大きなムクノキを見つけて住みついたのが、この椋本といわれている。

DATA
国指定天然記念物
樹齢1500年以上
樹高:16m　幹回り:9・5m
所在地:三重県安芸郡芸濃町椋本692
駐車場:あり

# 長全寺のナギの木

③ 南牟婁郡紀和町

## 幹の中にまた幹が…

幹の中にもう一本の幹が生えている

南牟婁郡紀和町長尾にある長全寺。そこにナギの木が一本立っている。太い幹が中空になっていて、その中に、あと一本幹が生えている不思議な木だ。

場所は国道42号から国道311号へ入り、丸山千枚田方面に向かう。

迷ったら長全寺と尋ねればすぐにわかる

丸山千枚田を過ぎるとすぐ長尾地区に入る。道沿いに「なぎの木」という案内板があり、そこから下る道があるが、その道は車がやっと一台通れるほどの狭い道のため、その道は通らずに先にある道か手前で下りる道を使うとよいだろう。

道を下って行けば、長全寺にたどり着く。ナギの木は一目瞭然。ゆっくり見学するといいだろう。途中にある丸山千枚田も見逃せない。山の斜面に広がった棚田は作った人たちの労力だけでなく、夕日に輝くその美しさにも驚かされる。

案内板

斜面に広がる丸山千枚田

DATA
町指定天然記念物
樹高：25m　幹回り：3・3m
所在地：三重県南牟婁郡紀和町長尾
駐車場：あり

# 引《ひき》作《つくり》の大楠

## ④ 南牟婁郡御浜町

### 山間にたつ巨大なクスノキ

御浜町引作にある大楠は「大きい!」の一言。だれもが圧倒されてしまうだろう。

国道42号を熊野市方面から進むと、御浜町の道の駅をすぎ、左にある七里御浜ふれあいビーチを過ぎて一つ目、阿田和の信号を右折する。約二キロ行くと左手に引作のバス停があるので、そこにある橋を左折する。約七〇〇メートル行き、左折。左折してから約四〇〇メートル進むと、右手に引作の大クスの案内板が出てくる。

そこを右折するのだが、右折してすぐ車を停め右手前方を見ると、こんもりとした引作の大クスが目に飛び込んでくる。

大きさはそこから見てもわかるほど。場所が東を向いているため、写真を撮るなら午後よりも朝方がよい。五月初旬なら、きっと朝日に輝くクスノキの新緑が美しく撮影できるだろう。

▲近くから見ると圧倒される大きさ

◀約15mの幹回り

静かな山間に生育している

DATA

県指定天然記念物
樹齢約1500年
樹高:31・4m　幹回り:15・7m
所在地:三重県南牟婁郡御浜町引作
駐車場:なし

# 地蔵大松

**5 鈴鹿市南玉垣町**

## 古き信仰を後世に伝える貴重な大マツ

◀縦横無尽に伸びる枝
◀巨大な幹と地蔵堂

「地蔵大松」という名前から、ついどんな形のマツか想像をかき立てられるが、その実体はまるで巨大な盆栽のように見える大きなクロマツである。名の由来は、遠く一四〇〇年以上前にまでさかのぼるようだ。

住宅地に囲まれている

古代の豪族で崇仏派の蘇我氏は対立する物部氏を滅ぼし、仏教信仰を広く世にすすめた。土着信仰である地蔵菩薩信仰が公然とできなくなった当地の人たちはやむなく大切な地蔵菩薩を埋め、後世のため目印に松を植えたという。それから一〇〇〇年以上の時を経て、ひどい干ばつのためこの松の付近を掘ったところ、埋められていた石像の菩薩が発見された。以来、当時植えられたとされるこの大松の近くに地蔵堂を建立して祭り、現在に至っている。

マツノザイセンチュウの松枯れ被害により多くの松が枯死していく中で、これほどのクロマツが現存するのは非常に貴重である。市によると三年ごとに薬液注入を行い、病虫害の予防措置を行っているそうである。新興住宅地の中に堂々と枝を広げて立っている様子は、忘れ去られてしまいがちな昔の言い伝えの証として大変印象深い。

DATA
県指定天然記念物
樹高：約20m　幹回り：6・7m
所在地：三重県鈴鹿市南玉垣町
駐車場：広場横に数台分

# 川俣神社のスダジイ

**⑥ 鈴鹿市庄野町**

## 鬱蒼と繁る巨大な樹冠

鈴鹿市の西方は里山が広がるのどかな風景がところどころ見られる。その里山はスギやヒノキの人工林が大半を占めているが、本来この地方の安定的な植生はシイやカシなどの常緑広葉樹である。このあたりも鬱蒼とした常緑広葉樹の森が広がっていたことであろう。今では神社や寺の境内などでその名残を垣間見ることができる。

その中でもスダジイは樹齢も長く、各地の老木は御神木として大切に守られている。この川俣神社のスダジイも根を守るために白い柵に囲まれ、近づけないようにしてあるのでご注意を。ドーム型の巨大な樹冠の下は昼でも暗く、往年の森の様子を想像させてくれる。枝張りも見事で周囲一五メートル以上の広範囲にまで及び、枝先に触れることができるほど低く広がっている。

樹勢は旺盛であるものの、カミキリムシの被害や老齢による幹の空洞化などのため、枯れ枝除去や土壌改良などの対策が行われている。国道1号庄野交差点を右折して南西へ約三〇〇メートルの住宅地に川俣神社がある。境内に入って本殿右側にしめ縄が張られた目的のスダジイがある。

▲重心が低く堂々とした樹形

◀太い幹

花の時期も訪れたい

**DATA**

県指定天然記念物
樹齢：約300年（推定、現地）
樹高：約14m　幹回り：5・5m
所在地：三重県鈴鹿市庄野町
駐車場：神社の裏に数台分あり

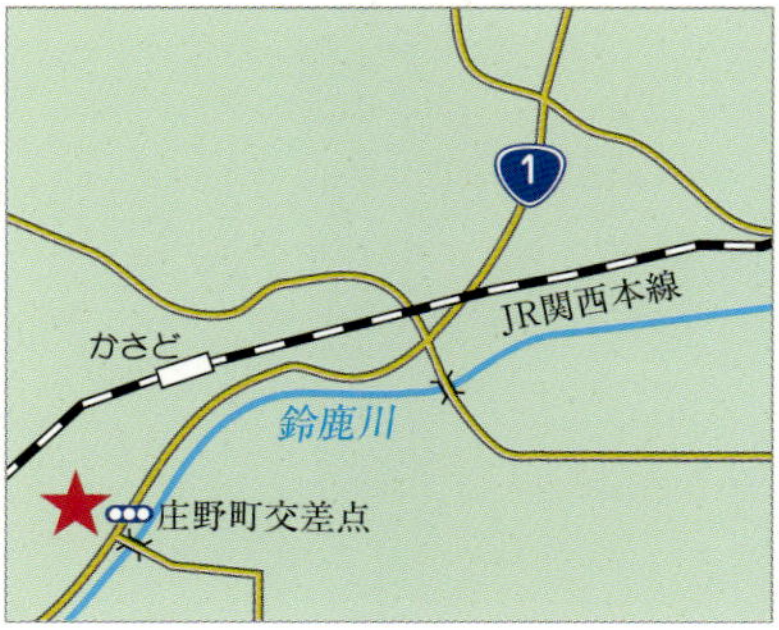

# 長《な》太《ご》の大クス

## 7 鈴鹿市南長太町

### 田園にそびえ立つ地域のシンボル

国道23号を四日市方面から南進し、鈴鹿川の橋を渡った左側は広大な田園風景が広がっている。その遠く先に目指す巨木のシルエットが見える。「長太《なご》」はこの付近の地名で、樹齢千年を超えるといわれるこの大きなクスノキは地域のシンボル的な存在だ。

▲遠くからでもその姿は目立つ

◀葉のない季節は違った趣がある

昔、この木の下に神社があったといい、今はその跡を示す石柱が残っている。よく見られる巨木は神社の御神木として一つの社叢を形作っていることが多いが、このクスノキは単独で立っているためその威風を遠くからも感じることができる。

伊勢湾台風以前は傘を広げたような左右対称の端整な樹形であったが、東側の枝に大きな被害を受けたため、往年の勇姿は残念ながら見ることができない。樹勢の衰えも心配され、樹木医らによる調査や回復措置とともに地元でも熱心な保護活動が行われている。たまたま訪れた時は近隣の小学生がこのクスノキの下で演奏会を開催していた。地域の人たちのこの木への愛着をうかがい知ることのできる光景であった。子どもたちのすばらしい演奏がきっとこのクスノキに元気を与えてくれるだろう。

木の周りで演奏会

DATA
県指定天然記念物
樹高：約23m　幹回り：約8・8m
所在地：三重県鈴鹿市南長太町285
駐車場：なし。周辺の農家に迷惑のかからないようにしたい。

# 野村一里塚のムク

8 亀山市野村

## 歴史を刻むムクノキ

一里塚とは、江戸幕府が街道に一里ごとに設けさせた里程標。一里は三・九三キロで、エノキやマツなどを植え、目標とした。この野村一里塚は東海道に作られたもので、かつて三重県内の東海道沿いには一二もの一里塚があったというが、今ではここしか残っていない。

その一里塚に、大きなムクノキがある。植えたばかりのときは今ほどの大きさではなかっただろうが、周りに何もない街道にぽつんとあった姿を一里塚の前に立って想像してみたい。ムクノキの年輪を見ることはできないが、刻み込まれた歴史を感じる。

このムクノキはどんな歴史を見てきたのだろうか？　植えられたばかりの江戸時代初期の風景、参勤交替、庶民の生活…そして暗い時代。いろいろな時代を生きてきたムクノキは、現代をどんな時代と見ているのだろうか？

遠くからでもこんもりとした一里塚がわかる

西野運動公園を目指す

史跡の石碑

DATA
国指定史跡
樹高：20m　幹回り：5m
所在地：三重県亀山市野村町
駐車場：なし

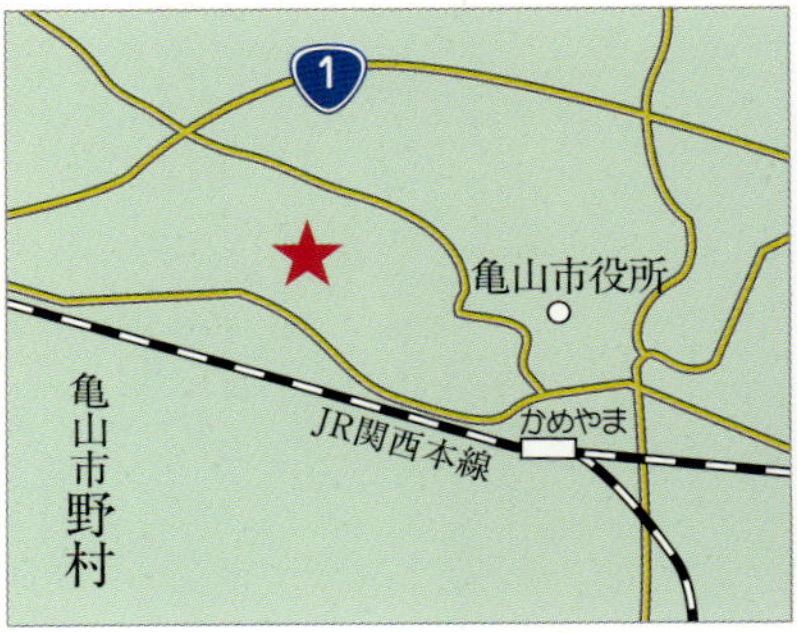

現代の街中にも通っている東海道

# バクチノキ

## 9 北牟婁郡紀伊長島町

### 不思議な名前の由来は？

バクチノキ。変わった名前を持つ木があるものだ。表記は「博打の木」と、漢字表記を見ればやはり博打、ギャンブルにちなんで付けられたということがわかる。

じつは樹皮がいつもはがれ落ちるため、博打に負けて身ぐるみはがされ、裸にされることに例えたことからバクチノキの名前が付けられた。

▲全体を見る

豊浦神社

そのバクチノキの巨木があると聞き、紀伊長島町豊浦神社へ出かけた。豊浦神社は国道42号を紀伊長島町役場から、さらに尾鷲市方面に向かい、高塚展望台の案内標識を左折。高塚展望台入り口を過ぎると左に豊浦神社が出てくる。鳥居をくぐると、幹回り一〇メートル以上もあろうかというクスノキがどっかと座っている。

その大きさに目を奪われてしまうかもしれないが、本殿から向かって右横にあるバクチノキが目当ての木だ。バクチノキを見たあとは、ゆっくり社叢を観賞するといいだろう。

◀境内に生育するクスノキ

バリバリノキも見てみたい

DATA
県指定天然記念物
樹齢約1500年
樹高：30m　幹回り：3・2m
所在地：三重県北牟婁郡紀伊長島町三浦　豊浦神社
駐車場：あり

# あとがき

二〇〇二年の『東海の名水・わき水さわやか紀行』に始まり、『東海の名水・わき水やすらぎ紀行』そして『東海の一〇〇滝紀行Ⅰ』『東海の一〇〇滝紀行Ⅱ』と年一回、東海地方の自然をゆっくり見て感じる旅のシリーズを出版させていただきました。

そしていろいろなご意見をいただきました。おいしいわき水だった、あるわき水はわかりにくい場所だった、感動するような滝だったなど、温かなご意見をいただき、続けてきました。

そして昨年から今年にかけて、読者の皆様からわき水、滝に続いて次は何をテーマにするのだろうかという問い合わせが多くありました。次は川？など水に関するものが多くありました。ですが、今回は木をテーマにしています。じつは『東海の一〇〇滝紀行Ⅰ』を出版する前に、巨樹巨木をテーマにしたいという話があったのですが、まずは滝についてまとめようとことになったのです。

そのため、今回出版できることになった本著は、前々から温めていた待望の一冊です。ぜひまとめたかったテーマでした。

そして今回は私一人だけでなく、三人で手分けして執筆し、写真撮影をしています。その中の一人は、私の娘です。自分の子どもが、とても皆様にご覧いただけるような文章や写真が撮影できるとは思ってもいませんでしたが、自分の考えを多少でも形にすることができたと思いますので、掲載することにしました。

さて本著のテーマの「木」です。取り上げた木は、巨樹巨木といわれる大きな木だけではありません。小さくても伝説や伝承、その地域に語り継がれているいわれを持つ木も取り上げています。

巨樹巨木について書かれた書物はいくつかありますが、その範疇に入らないために、選外になった木も多くあると思います。本著ではそのような木にも着目し、その土地、地域にとって大切に守ってきた、その魂も知っていただきたいと思い取り上げました。

枝を折るといけないと語り継がれている木や、傷つけると祟りがあるといわれている木もあります。それはその土地や地域の人たちにとって、たいへん大切にしてきた文化の一つです。本著を参考にして訪れたとき、くれぐれも地元で大切に守ってきた木を傷つけることのないように注意してください。

また地元でしっかりと守っていないと思われる木にしても、やはり命あるものです。私たちよりも長く生きてきたものもあります。傷つけるだけでなく、柵の中に入ったり、むやみに根元を歩きまわることはさけてください。柵の中に入って写真撮影をすると、根は傷み、その木にとっては大きな打撃になるかもしれません。「自分一人だけなら」と考えず、訪れた木を大切に守って観賞してください。そしてできれば、ご自分の周りにある木もご覧になってみてください。きっと感動するよい木があるはずです。

著者代表　近藤紀巳

[編著者プロフィール]
有限会社　地域自然科学研究所（本社高山市）
自然調査、自然公園のプランニング、展示施設の企画を主な業務としている。
eメールアドレス：nsl@quartz.ocn.ne.jp

近藤　紀巳（こんどう　としみ）
1953年名古屋市生まれ。現在高山市在住。（有）地域自然科学研究所代表取締役。
岐阜県県政評議員、岐阜県森林セラピー研究会委員、清見村・健康と癒しの森推進検討委員会委員、環境省自然公園指導員などを勤める。著書は『街のおもしろウオッチング』『東海の名水・わき水さわやか紀行』『東海の100滝紀行 I・II』(風媒社)、『ぐるり御岳　とっておきの自然』『愛知満喫！とっておきの自然』（中日新聞社）など。

新堂　勝（しんどうまさる）
1964年愛知県生まれ。農学修士、森林インストラクター。国内外で食用茸類の種菌培養研究、品種改良、栽培試験などに携わった後、飛騨に移住し自然体験活動の指導者やその育成に取り組んでいる。

近藤　千紘（こんどうちひろ）
1984年高山市生まれ。名古屋学芸大学管理栄養学部在籍。

**東海の巨木**

2005年10月20日　第1刷発行　（定価はカバーに表示してあります）

編　者　地域自然科学研究所
発行者　稲垣喜代志

発行所　名古屋市中区上前津2-9-14　久野ビル
振替00880-5-5616　電話052-331-0008
http://www.fubaisha.com
風媒社

乱丁・落丁本はお取り替えいたします。
ISBN4-8331-0121-1

＊印刷・製本／大阪書籍
＊装幀／深井 猛

岡田文士 著

**東海 ローカル線の旅**

定価（1600円＋税）

ゆったりのんびり、スローな旅を味わえる各駅停車の鉄道小旅行ガイドブック。樽見鉄道、大井川鉄道、ＪＲ名松線、明知鉄道、JR飯田線、長良川鉄道等々、東海地方のローカル線を中心に、有名観光地を少しはずれた小さな駅の四季の風景を紹介。

---

栗屋誠陽・新郷久 著

**感動発見！ 東海道みちくさウォーク**

定価（1600円＋税）

歩くほどに楽しみ深く！　ゆったりのんびり、歴史と出会い、人々と親しみながら東海道を歩いてみよう。丸子・岡部から亀山・関まで、28宿の歴史と人とのかかわりを、豊富な写真や地図とともに道案内。大人のための「スローな旅」に出かけよう。

---

志賀靖二・岡田文士著

**エンジョイ 愛知の健康ウォーキング Part2**

定価（1400円＋税）

好評のPART１に続き刊行されたオールカラーウオーキングガイド！　歴史の町並みから低山ハイキング、自然を満喫できる緑の散歩道まで「楽しさと健康」を重視してますます充実の55コース。細かい道まできちんと紹介、迷わず歩ける親切MAP付。

---

雑木林研究会編

**行ってみようよ！ 森の学校**

●東海版

定価（1600円＋税）

自然観察に始まり、生きもの調査、アート・クラフト、ネーチャーゲーム、田んぼづくり…。里山でできることは多種多様。森を楽しむために気軽に参加できる里山活動グループを一挙紹介。あなたが主役の雑木林づくりに参加しませんか！

---

志賀靖二編

**エンジョイ 愛知の健康ウォーキング**

●楽しく歩こう55コース

定価（1400円＋税）

ウォーキングを長続きさせるコツは、楽しみながら歩くこと。市街地近郊の町並みから海岸歩き、歴史散歩や軽い山歩きまで「楽しさ」を重視して厳選した愛知県版。歩行距離・歩数・時間・消費カロリーを明示、細かい道まできちんと紹介、迷わず歩ける親切MAP付。

---

庄山剛史 著

**三重の峠**

●自転車でめぐる峠の魅力

定価（1500円＋税）

三重の峠越えウオーク、峠越えサイクリングのたのしさと、峠にまつわるさまざまな歴史や民俗を紹介する待望のガイドブック。風伝峠、鈴鹿峠、八風峠等々、三重県内25の峠を取り上げ、さまざまな表情をみせてくれる峠の魅力を語る。